纺织服装高等教育"十二五"部委级规划教材

高职高专服装专业项目化系列教材

浙江省重点建设教材

尚实图书
东华出品

DONGHUA UNIVERSITY PRESS

QIUDONG NÜZHUANG
ZHIBAN YU GONGYI

秋冬女装制版与工艺

主　编／郑小飞

副主编／黄年斌　王晓泽

U0377589

东华大学出版社

内容提要

本书把秋冬女装的产品分为女上衣、女风衣、女大衣及棉衣四大类,选取的款式基本涵盖了秋冬女装款式的变化要素。在项目设计上依据服装企业制版岗位的实际工作过程,完成从款式分析、结构设计、纸样制作、样衣制作等完整工作过程。

本书任务操作步骤规范,图文并茂,清晰易懂,同时细致讲解完成该任务所必需的知识,提高学生在秋冬女装制版上的实际应用能力。

本书适合作为高职院校服装专业的教材,也可作为服装从业人员的参考资料。

图书在版编目(CIP)数据

秋冬女装制版与工艺/郑小飞主编,黄年斌,王晓泽副主编.--上海:东华大学出版社,2012.11
ISBN 978-7-5669-0182-8

Ⅰ.①秋… Ⅱ.①郑… ②黄… ③王… Ⅲ.①女服—服装量裁 Ⅳ.①TS941.717

中国版本图书馆 CIP 数据核字(2012)第 271171 号

责任编辑:赵春园
封面设计:戚亮轩

秋冬女装制版与工艺
郑小飞 主编
黄年斌 王晓泽 副主编
出版:东华大学出版社
(上海市延安西路 1882 号 邮政编码:200051)
新华书店上海发行所发行 昆山亭林印刷有限公司印刷
开本:787 mm×1092 mm 1/16 印张:14.25 字数:356 千字
版次:2013 年 1 月第 1 版 印次:2013 年 1 月第 1 次
书号:ISBN 978-7-5669-0182-8/TS·361
定价:36.00 元

前　言

服装产品开发是款式设计、结构设计与工艺设计三者结合的过程,三者是相互渗透,互为补充的。这三个工作都非常重要,不能割裂开来。服装设计专业经过多年教学改革与探索,构建了"整体化教学、生产性实训"的人才培养模式,把产品开发过程中的款式设计、结构设计和工艺制作这三个重要环节有机地结合起来,引入企业的真实工作任务,让学生完成产品开发的整个过程,并从中体验每个环节、每个步骤在整个过程中的重要性,并以此养成学生认真负责的工作态度,培养学生的综合职业能力。

"秋冬女装制版与工艺"课程是服装设计专业的一门核心课程,其目标是在掌握女下装、女上装和春夏女装制版技能的基础上,科学地运用秋冬女装相关的行业技术标准及不断推陈出新的新材料、新工艺、新技术及新方法,通过任务引领、项目驱动等教学模式,培养学生解决秋冬女装样板结构与实际工艺问题的能力。课程内容的组织,选取服装制衣公司的秋冬女装典型产品作为教学项目,把秋冬女装产品分为女上衣、女风衣、女大衣和女棉衣四大类,选取的款式基本涵盖了秋冬女装款式的变化要素。每个任务实施都通过款式分析、结构设计、样板制作、样衣制作与试样调整等过程,并结合了企业的产品开发要求和质量标准,不断提高学生对设计稿的理解能力和制版、工艺技能。

本教材的编写集合了课程组全体老师的力量。其中达利公司的技术主管黄年斌先生为本书的编写提供了大量的资料,并提供了很多宝贵的修改意见;王晓泽老师参与本书所有的款式的样衣制作;本书在编写过程中还得到了郑李玲、徐飞、杨秀李、蔡约霞的大力支持。在此,对所有关心和支持本书的老师和同学们表示感谢。

由于编写时间仓促,水平有限,难免有错漏之处,欢迎专家、同行和广大读者批评指正。

郑小飞

目　录

项目一 秋冬女装衣身模板建立

任务一 秋冬女装基础衣身立体裁剪

一、任务目标

通过本项目学习,你应该:
1. 了解模板在服装结构设计中的作用;
2. 了解秋冬女装基础衣身放松量加放方法;
3. 掌握秋冬女装基础衣身立体裁剪方法;
4. 能进行秋冬女装基础衣身立体裁剪。

二、任务描述

在 160/84 人台上黏贴衣身立裁必要的标识线,然后进行秋冬女装基础衣身立体裁剪,要求衣长至臀围,胸围松量为 8 cm,要求各部位松量合理,外观平整。

三、知识准备

(一)为什么要制作模板

制作模板有两个方面的作用。一是保持服装品牌风格和造型的统一。品牌风格是品牌服装的内在特性,通过服装的外在形式表达出来。任何成功的服装品牌都有自己鲜明的品牌风格,一旦形成就不会有较大的变化,无论是设计、色彩、面料或结构,都有其明显区别于其他品牌的特征。"时尚来去匆匆,只有风格永存。"可可·夏奈尔(CoCo Chanel)这句名言揭示了风格对于品牌的重要性。时装艺术大师伊夫·圣·洛朗(Yves Saint Laurent)也曾说过:"在设计服装时,完善风格要比追求款式来得更重要","比时髦更加重要的是风格,风格是不变的"。可见,对于品牌而言,风格就是延续品牌生命的内在精神。由于我国服装业整体进入品牌阶段的历史不长,在品牌运作方面存在种种问题,其中最突出的问题就是品牌风格不稳定导致品牌服装企业的市场业绩不稳,这也是我国难以与国际著名服装品牌抗衡的关键所在。

在构成服装品牌风格的诸多元素中,服装造型和结构是最为重要的内容。因此,如何把握服装品牌的整体造型风格是服装品牌企业急需解决的问题。现阶段,很多品牌企业的板房主管或技术总监采取了利用模板制版的方法,首先制作一批符合企业品牌风格和要求的各服装种类和版型的模板,制版师在模板基础上进行结构设计和纸样设计,有效保证了服装风格的统一,也有效解决了企业制版师流动大和水平参差不齐带来的版型不稳问题。

二是提高了服装产品开发的效率。

(二)人体维度与放松量

服装与人体的关系是服装结构设计永恒的话题,进行服装结构设计一定要了解人体。人体是立体的,有宽度和厚度,在静止状态下,会形成三个面:正面、侧面和背面。如图1-1所示。

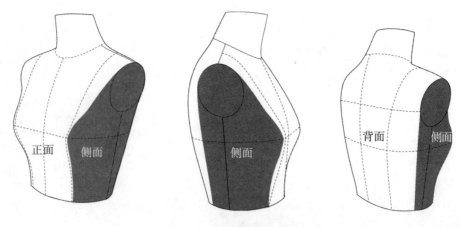

图1-1　人体维度示意图

衣身在受力均衡的情况下,会出现垂直方向的松量(如果受力不均衡,会出现斜向或横向的布缕)。纵向增加余量是为了满足人体的活动量,设计者要根据人体的活动规律,在适当的位置给予适当的量,这样才能满足人体的活动机能。人们往往把服装的松量单纯的放在侧缝,这是不妥当的,因为人体往前的运动多,后片需要的松量比较大,因此,这个松量的位置应该在后片与侧片的转折处,而不是在侧缝。通过这样的处理,后片就形成一个箱型的结构,外观上有比较明显的转折面,也就是很多品牌要求的"后面呈方,前面呈圆"造型,增加服装的包容性和舒适性,适合更多的体型穿着。

(三)立体裁剪基本操作流程

立体裁剪的基本操作流程如下:

1.确定款式,款式分析

2.选择人台,人台补正

3.确认人台标识线

4. 样布准备,丝缕整理

5. 样布辅助线绘制

6. 初步造型

7. 造型确认,描轮廓线

8. 取下坯布,修顺轮廓

9. 盖别试样,造型调整

10. 拓印纸样

（四）面料纱向

服装立体裁剪时要保持纱向正确。纱向正确是指服装处于悬挂状态时外观平整,服装各部位与对应形体之间都有一种明确的关系。如果纱线的经向、纬向不正确,服装穿着时会出现扭曲、松垂或上拉现象。因此,立体裁剪任何基础样板时,关键要将经纱准确与衣身的前中心线平行,纬纱准确与上衣胸围线、裙子臀围线平行,这也称为"垂直理论"。

在人台上对准布料经纱、纬纱之后,设计师可以围绕胸点,在各相关部位处理布料。根据不同款式设计使用省道、设计线、抽褶或褶裥等,但经向线及纬向线应仔细保持,只有保持正确的纱向,才可以保证前后片的对应和顺直。

在开始立体裁剪之前,要先检查面料的经纱与纬纱是否垂直。如果面料经、纬纱相互不垂直,则需要通过归正将纱线拉直。

纱向归正的过程如下:

1. 按照裁片的长度和宽度加放一定的余量取下面料,将面料对折,如果不是四角方正,出现错位现象,说明面料纱向不垂直,需要归正,如图 1-2 所示。

2. 面料对角方向拉伸,直到面料平直,经纱与纬纱相互垂直为止,如图 1-3 所示。

3. 将面料对折检查纱向是否归正,如图 1-4 所示。

图 1-2 面料纱向不垂直

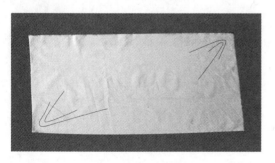

图 1-3 拉伸面料

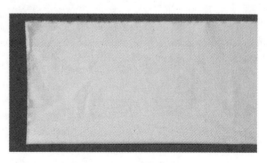

图 1-4 检查面料纱向

四、任务实施

（一）样布准备

● 量出衣片的长度，因为基础衣身的长度至臀围，沿布料直纱从人台侧颈点量至臀围的距离，加上 10 cm（上下各加放 5 cm 余量），按此长度剪开并撕下布料。

● 量出前片的宽度，沿布料横纱在胸围线上从左 BP 点量至侧缝，加上 5 cm 余量，按此宽度剪开并撕下布料。

● 量出后片的宽度，沿布料横纱在臀围线上从后中心线量至侧缝，加上 10 cm 余量（左右各 5 cm 余量），按此宽度剪开并撕下布料。

● 样布取好后，先进行丝缕整理，整烫并纱向归正。

● 在样布上对照人台的标识线标出各辅助线，如图 1-5 所示。

（二）前片立裁

1. 将布料的前中线对准人台的前中线，胸围线对准人台的胸围线，用大头针分别固定前中点、左右 BP 点、腰节点和臀围点，如图 1-6 所示。

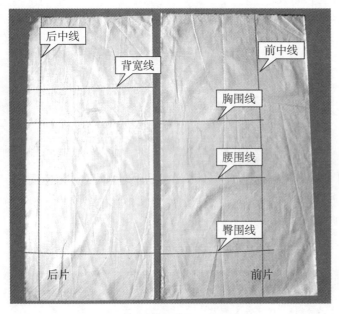

图 1-5　对照人台，标出辅助线

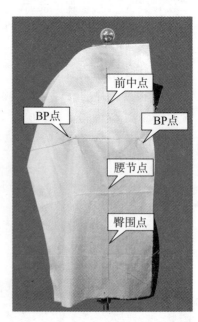

图 1-6　固定各点

2. 立体裁剪前领圈。如图 1-7 所示，BP 点向上的位置要保持经向丝缕的顺直，抚平后用大头针固定侧颈点，然后大致修出前领圈弧线，离开领圈净样线 1 cm 处剪刀口，使领圈服帖、平整。

3. 在 BP 点处放入 0.5 cm 松量。然后对齐人台的胸围线固定，注意胸宽垂直向下保持纱向的顺直（非常重要），如图 1-8 所示。理顺后在胸围线、腰围线、臀围线固定。

4. 放入 1 cm 松量，腰围处的松量可以稍微多一点，用大头针别出，如图 1-9 所示。

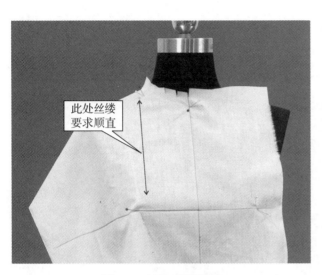
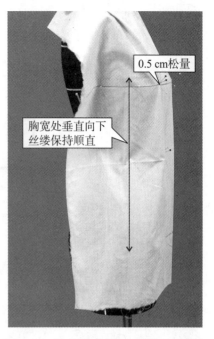

图 1-7　径向丝缕顺直　　　　　　　图 1-8　胸宽处垂直向下丝缕保持顺直

5. 把胸围线以上的余量轻轻推到侧缝,以胸围线作为胸省的一条省边。在操作中注意不要太紧,使其自然产生转折面,用大头针别出胸省,如图 1-10 所示。

6. 如图 1-11 所示,收出腰省,在 BP 点下面将多余的量收掉,注意不要太紧。

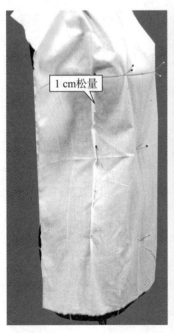
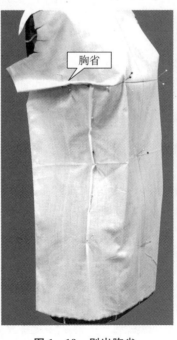
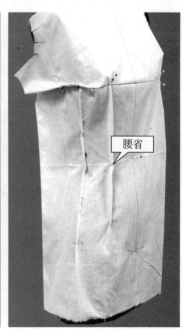

图 1-9　放入 1 cm 松量　　　　图 1-10　别出胸省　　　　图 1-11　收掉多余的量

(三) 后片立裁

1. 将布料的后中线对准人台的后中线, 背宽线和胸围线分别对准人台的背宽线和胸围线, 用大头针固定后中线和背宽线, 如图 1-12 所示。

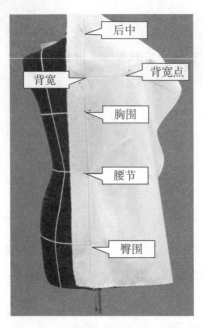

图 1-12　固定后中线和背宽线

2. 立体裁剪后领圈。如图 1-13 所示, 侧颈点向下的地方要保持经向丝缕的顺直, 抚平后用大头针固定侧颈点, 然后大致修出后领圈弧线, 离开领圈净样线 1 cm 处剪刀口, 使领圈平服。

3. 收肩省。因为肩膀的厚度会自然产生肩省。抚平背宽线以上部位, 将多余量在肩部捏出省道, 用大头针固定。在背宽线上放入 0.5 cm 松量, 如图 1-14 所示。

图 1-13　立裁后领圈

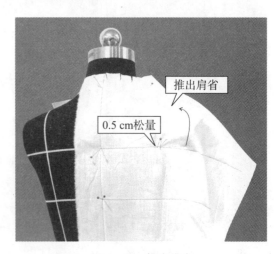

图 1-14　推出肩省

4. 保持背宽点向下位置纱向的顺直(这步非常重要),如图 1 - 15 所示。然后在这个位置放入 1.5 cm 松量,腰围处的松量可以稍微多一点,用大头针别出。

5. 收腰省。在腰部将多余量收掉,注意不要太紧,如图 1 - 16 所示。

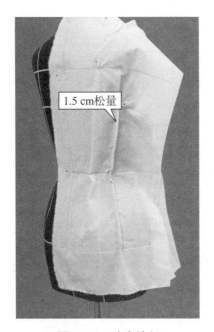
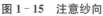
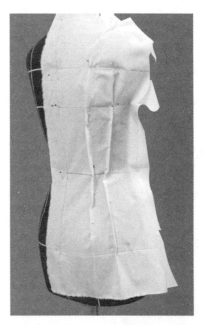

图 1 - 15　注意纱向　　　　　　　图 1 - 16　收掉余量

(四)前后片拼合

1. 拼合肩部。按照人台肩缝标识线用大头针别合。

2. 拼合侧缝。按照人台的侧缝标识线拼合侧缝,注意前后片侧缝在别合时要留出 0.3 cm 松量,如图 1 - 17 所示。

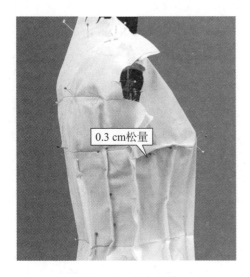
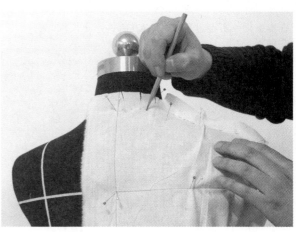

图 1 - 17　拼合侧缝　　　　　　　图 1 - 18　描轮廓线

（五）描轮廓线

根据人台的标识线或大头针别合的位置,用2B铅笔在领圈、肩线、袖窿、侧缝、省道等处描绘若干点。两条线的交点用"＋"字记号标出,如图1-18所示。

五、任务反思

评价项目	评价情况
请描述本次任务的学习目的。	
是否明确任务要求?	
是否明确任务操作步骤?请简述。	
对本次任务的成果满意吗?	
在遇到问题时是如何解决的。	
在本次任务实施过程中,还存在哪些不足,将如何改进。	
感受与体会。	

任务二　秋冬女装基础衣身模板建立

一、任务目标

通过本项目学习,你应该:

1. 能将坯布裁片盖别固定进行试样;
2. 了解人体形态与裁片形状的对应关系;
3. 能根据立裁试样效果进行结构调整;
4. 能将裁片进行平面转化;
5. 能根据裁片结构进行平面结构设计;
6. 能制作秋冬女装基础衣身模板;
7. 养成精益求精的职业素养。

二、任务描述

完成秋冬女装基础衣身立体裁剪后,从人台上取下坯布,将坯布的轮廓线修顺,修剪缝头为 1.5 cm,并盖别固定进行检验,要求衣身平整,结构平衡,无起吊和起褶现象,各部位松量加放准确,调整完成后,按照裁片进行衣身结构设计,并用硬纸板或塑料片材制作模板。

三、知识准备

(一)立体裁剪裁片修正

立裁裁片修正有两种方法。一种是将坯布立体裁剪的结果描到制版纸上修正;另一种是在坯布上直接修正。通常我们采用在坯布上直接修正,经试样调整后,再描到制版纸上做成样板。

1. 如果在制版纸上修正,需要完成以下步骤:

(1)在制版纸上画出经向线和纬向线,将布料放在制版纸上,使其纱向与纸上的经、纬向线重合。

(2)用描线器将所有标记复制到纸上。

2. 在坯布上直接修正。

(二)别合检查衣身裁片

检查立体裁剪裁片有几个目的。可以发现合体程度方面不精确或错误之处。非常合体的服装能表现人体的自然比例,而松量的不同又能体现不同流行风格。检查松量及纱向顺直情况,然后根据下列标准分析裁片是否符合款式设计要求。此时可进行任何改变或修正。

裁片检查内容:

1. 缺少松量的情况
- 胸围或肩背部有抽缩现象。
- 腰部太紧。
- 裁片紧绷在人台上。
- 裁片侧缝被拉离人台侧缝线。

2. 松量过大的情况
- 肩线显得太长。
- 胸部出现褶皱。
- 领线出现褶皱。
- 袖窿出现褶皱。

3. 正确的纱向与比例
- 悬挂时前后片纬纱均垂直于地面。
- 前后片纬纱均与地面平行。
- 所有省道折叠方向正确(朝向中心)。
- 前后肩线正确对位。
- 前后侧缝等长,可自然合拢。
- 所有缝线悬垂自然,没有上拉、扭曲及歪斜现象。
- 袖窿形状正确。袖窿腋点按照要求并使其呈马蹄状。
- 所有修正线平滑清晰,并加上正确的缝份量。
- 裁片整体效果整洁并熨烫平整。

注:若裁片在人台上不合体,则需要拆掉所有结合缝大头针,分别重新立体裁剪前后片,注意不要拉伸或折叠布料。

(三)评价准则

1. 面料准备
- 预先准确测量面料的长与宽。
- 各参考线位置要画得准确。

2. 立体裁剪
- 悬挂时经向线与纬向线在正确的方向上,立体裁剪裁片既不歪斜也不拉伸。
- 合体程度方面留有适当的松量。
- 严格按照设计效果图的比例进行裁片。
- 局部设计要正确反映设计效果图的效果,如折裥数量、展开量、领型、袖型等。
- 正确修正所有缝线,要求平滑整洁,并留有正确的缝份。
- 别合要正确,大头针要和缝线垂直。

● 整体效果要求裁片完整且熨烫平整。

四、任务实施

(一)修顺轮廓线

在坯布上根据立裁时描出的标记修顺外轮廓造型,不要拘泥于原来标记的位置,因为在立裁操作时大头针别的位置不是非常准确,要关注的是线条的造型,有时要根据结构原理对线条的造型做些调整。如图 1-19 所示。

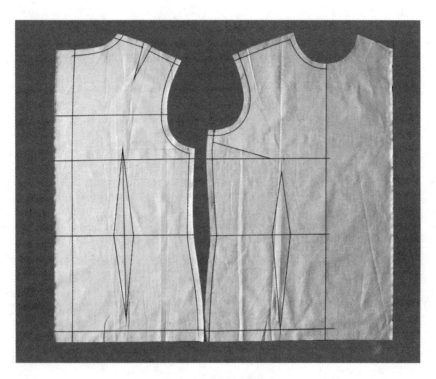

图 1-19 修顺轮廓线

(二)盖别试样

在修正立体裁剪的裁片之后,将完成的裁片用大头针盖别固定,在固定时直线的部位针距可以疏一些,一般为 4~5 cm,弧线的部位可以稍微密一些。

在别合时要非常仔细,需要归缩或拔开的量要在裁片上标注出来。按照初次轮廓线别合完整后,穿在人台上试样,如图 1-20 所示。首先,观察服装的外观是否平整,如果发现有歪斜或起皱现象,说明在结构上存在问题,这时要将这些地方的大头针拿掉,重新调整,直到平整为止。其次,查看各部位的松量是否准确。因为衣身模板是后面服装制作的基础,因此衣身模板的准确与否直接影响到成衣的效果,在试样时要认真对待,将基础衣身调整到最佳状态。

(三)根据裁片绘制结构图

将调整后的基础衣身裁片从人台上取下,重新修顺轮廓线。

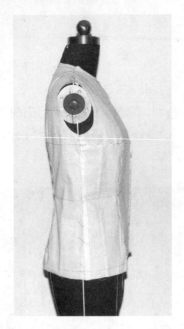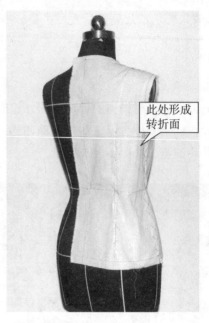

图 1-20 盖别试样

根据裁片结构进行衣身结构设计,如图 1-21 所示。测量裁片的各部位数据,结合平面结构设计方法进行基础衣身结构设计。

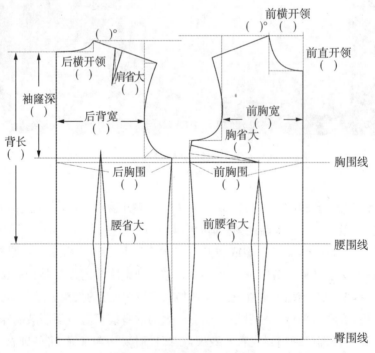

图 1-21 衣身结构设计模板

五、任务反思

（一）学习反思

1. 你掌握了本次任务要求的知识和技能了吗？

2. 通过本次任务的学习，有哪些收获。

3. 在本次任务实施过程中，还存在哪些不足，将如何改进。

（二）拓展训练

完成秋冬分割线基础衣身的立体裁剪和模板建立。

六、任务评价

评价指标	评价标准	评价依据	权重	得分
外观	A：外观平整，造型美观，丝缕顺直，松量分配合理。 B：外观平整，造型不够美观，丝缕顺直，松量分配较合理。 C：外观较平整，造型美观，丝缕顺直，松量分配合理。	坯布试样。 A：20～25分 B：13～19分 C：12分以下	25	
立体裁剪技巧	A：标识线黏贴准确，针法使用正确，轮廓线描绘清晰，标记齐全。 B：标识线黏贴不够准确，针法使用基本正确，轮廓线描绘较模糊，标记不够齐全。 C：标识线黏贴不准确，针法大部分错误，轮廓线描绘模糊，标记不够齐全。	坯布试样。 A：16～20分 B：11～15分 C：10分以下	20	
模板制作	A：结构准确，线条流畅、记号齐全。 B：结构基本准确，线条不够流畅，记号不齐全。 C：结构基本准确，线条不够流畅，记号不齐全。	衣身模板。 A：20～25分 B：13～19分 C：12分以下	25	
职业素质	迟到早退一次扣2分，旷课一次扣5分，未按值日安排值日一次扣3分，人离机器、不关机器一次扣3分，将零食带进教室一次扣2分，不带工具和材料扣5分，不交作业一次扣5分。		30	
总分				

项目二　秋冬女上衣制版与工艺

任务一　合体女西装制版与工艺

一、任务目标

通过本项目学习,你应该:

1. 能根据合体类上装的设计稿或款式图进行款式分析,并能描述款式特点;
2. 能根据款式特点制定各部位规格;
3. 能根据款式图片或设计稿绘制正面和背面结构图;
4. 能根据款式特点选择结构设计方法并实施;
5. 能根据款式要求和高级成衣生产标准进行样板制作;
6. 能按照高级成衣生产要求进行排料;
7. 能进行面、辅料裁剪;
8. 能进行合体类秋冬女上装工艺单编写;
9. 熟悉秋冬合体上装工艺制作流程;
10. 熟悉秋冬合体上装各部位工艺标准;
11. 能按照高级成衣生产要求进行后整理操作。

二、任务描述

按照提供的合体女西装款式图或设计稿进行款式分析,分析款式造型、面料特点、工艺要求等,在分析基础上制定成衣各部位规格;然后进行结构设计,要求体现款式特征,结构准确合理,造型比例恰当,线条流畅;在结构设计基础上进行符合企业生产标准的纸样制作,包括面料样板、里布样板、净样板等,要求制作规范,片数完整;根据完成的工业样板进行排料和裁剪,最后进行样衣制作,根据样衣试穿效果进行结构调整。

三、知识准备

（一）效果图的类别

服装制版的参照与分析对象主要是样衣、效果图等。对于样衣,我们只要对它进行仔细观察、测量,可以制作出与样衣大致吻合的成品服装。但是效果图不大容易进行分析,尤其是款式比较复杂的服装,因为不能全方位的进行观察,更不能具体地测量其规格。因此,如何看懂效果图,领会设计意图是制版的首要工作。

效果图的类别有:工艺类、写实类与艺术类等。

- 工艺类效果图注重结构和工艺处理形式的表达,是一种能直观理解款式、结构、工艺要求的效果图。
- 写实类效果图是一种较符合客观实际的服装设计图,其特点是造型结构接近实体,表达较为准确、清楚,在结构设计时可以根据效果图的比例确定各部位尺寸。
- 艺术类服装效果图是一种以艺术夸张形式设计的效果图。其特点是注重神似和动态瞬间的表达气氛,往往以人体某部位的夸张、变形所产生的节奏感来表现,给人留下深刻的印象。根据这类效果图进行结构设计时,不能直观地了解各部位的数量关系,而是需要从艺术的角度出发,分析哪些是与结构无关的虚构之笔,哪些是与结构有关的功用之处。

（二）服装效果图的审视

效果图审视一般从外形轮廓、结构特点、线的造型与用途、面辅料分析以及工艺处理形式等五个方面进行考虑。

1. 外形轮廓

首先要区分属于哪一类造型的服装,如普通造型、紧身合体造型、松身夸张造型,以及 H 型、V 型、X 型、O 型、T 型等造型,都是由各部位的不同放松量及采用不同面料所形成的。服装整体造型一般分为合体型、较合体型、较宽松型、宽松型;也可以分为 X 型、H 型、A 型等。

服装结构设计最重要的任务是塑造服装的廓形,即我们常说地"版型"。我们在制图之前对服装廓形要有清晰的认识,做到心中有形,如果心中无形,接下来的结构设计也是盲目的,就不会想方设法做出你想要的造型。只有准确理解服装外形轮廓,才能合理设计各部位尺寸,才能对胸省的处理做出正确的判断。

2. 结构特点

结构特点是指服装外形结构中具体的结构形式,如:前、后片是收腰还是宽腰,是收省还是分割;服装衣领是何种领型,是立领还是翻领;服装衣袖是圆装袖还是插肩袖,袖与大身组合是采用平缝结构还是倒缝结构,是分开缝还是包缝;门襟是单排扣还是双排扣,明门襟还是暗门襟;在哪里开衩,开衩的方法等。凡在服装外形直接能观察到的部件特征,均属于该款式特点。

在服装结构中,凡显露于外表的结构比较明显,也容易理解和掌握。但是,内在(层)的结构特点,往往不能从效果图中直接观察到,如内在结构的合理组合、里、衬、垫加物的选择与应用等,都需要以一定的专业知识为基础。同时,还要善于采用透视分析的方法,凭经验进行立体想象和推理,分析出服装内在结构的几种组合的可能性,并结合服装的功能属性、材料特性及操作工艺的适宜性等因素,筛选出最合理的内在结构形式。

3. 线的造型和用途

服装衣片是由不同的直线和曲线连接而成,这些线可能是外轮廓线,也可能是省、缝、折裥。装饰线迹,也可能是衣身分割线。对于衣身分割线,是功能性分割线还是装饰性分割线,因为功能性分割线往往包含一部分省道在分割线中,而装饰性分割线往往是把衣片进行分割,再进行缝合。

4. 面辅料分析

面辅料性能与结构设计密不可分,面料的伸缩性、可塑性都直接与结构处理相关。比如在进行袖子配伍的时候,要根据面料性能设计袖山吃势量,组织结构紧密的面料或表面涂层的面料不宜有较大的吃势,否则会形成细小的褶皱,组织结构较疏的面料或毛呢面料可以有较大吃势;还有在处理领子、挂面里外匀的时候也要根据面料的厚薄进行相应设计。

不同的材料质地,其所具有的性能不同,如丝绸织物比较轻薄柔软,毛织物比较挺括,所以在裁制丝绸织物时,斜丝缕处应适当进行剪短和放宽,以适应斜丝缕的自然伸长和横缩,对于质地比较稀疏的面料,要加宽缝份量,以防止脱纱造成缝份不足,对于有倒顺毛、倒顺花的面料,在服装结构制图时要在样板上注明,以免出现差错。

5. 工艺处理形式

工艺处理形式一般属于工艺设计的范畴,但在结构分解时也要加以考虑,因为不同的处理形式其结构往往有所不同,如表面缉线装饰与不缉线的工艺所放缝份不同,连腰的裤(裙)长与不连腰的裤(裙)长也会有差异,这就要求审视者对缝头的处理形式、开口的处理形式、部件的连接形式、各层材料之间的组合形式加以分解,以便解决制品工艺处理过程中出现的问题。

(三)尺寸设计的依据和方法

1. 国家标准女人体尺寸

服装规格设计的依据是人体各部位尺寸,再结合设计稿款式的结构、工艺特点、服装风格设计该款服装的规格。如图 2-1-1 所示为 160/84A 体型人体各部位数值。

2. 成衣尺寸设计的依据

① 款式的设计要求。要仔细体会设计师的设计意图,如造型的适体度、穿着后的长度、肩部的造型、领子的大小、口袋的大小等等。

② 人体的各部位尺寸。

③ 人体在活动时的必须松量。比如在设计裙子下摆尺寸时要考虑人体在走路、登高时所需的活动量。

④ 服装的穿脱方式。比如有些服装是套头穿着的,那么领口的尺寸必须考虑人体的头围尺寸;脚口的尺寸设计不能小于脚背到脚跟的围度。

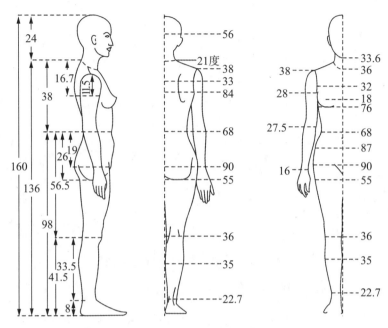

图 2-1-1　160/84A 人台各部位数据（单位：cm）

（四）前长与后长

在女装衣身结构设计中，前长和后长是非常重要的尺寸。因为这是人体的数据，如图2-1-2所示，它不会随着款式的变化而改变，只会随着体型变化而改变。胸部越丰满前长越长，反之，胸部平坦前长就短。

根据原型制图，我们知道女装的后长为40.3 cm，前长为40.9 cm。我们在制图中，前片衣身的放置有两种情况，一是前后胸围线在同一条水平线上，前片侧颈点在上平线下 0.5 cm，腰围线下降 3.4 cm（胸省量），另一种情况是腰围线在同一水平线上，前片侧颈点在上平线向上 2.9 cm（胸省 −0.5），如图 2-1-3 所示。这两种放置方法都可以选择，其结果是一样的。

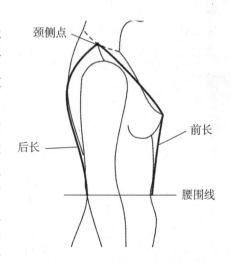

图 2-1-2　人体侧面参照图

（五）衣身结构平衡

在服装制板和裁剪诸多的技术内容中，衣身平衡处于重要地位，是衡量版型质量、合体程度的重要标志之一。所谓衣身结构平衡，就是指服装在穿着后三围呈水平状态，衣身不起吊，不起皱，结构稳定。影响衣身结构平衡的因素很多，但最重要的是胸省的准确处理。

通过原型制图得知全部胸省量为 3.4 cm（注：根据不同人体胸省量大小也不同，胸部越丰满胸省量越大，反之，胸部越平坦胸省量越小。一般挺胸体胸省取 4～5 cm，平胸体取

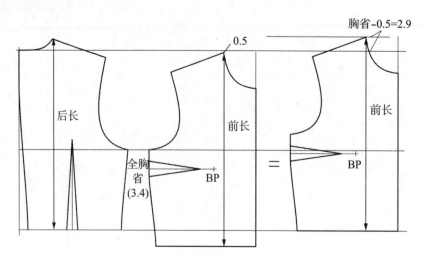

图 2-1-3　前片衣身的放置示意图

2.5～3 cm）。越合体的服装其胸省量使用越多,因为胸省收得越大,胸部造型越丰满,就越符合人体曲线。

合体衣身的胸省处理一般有以下几种情况。

1. 胸省量全部收省

适合贴体的服装,如西装、职业装、旗袍、礼服、紧身连衣裙等。在使用中胸省可以根据款式需要设置在不同的地方,如图 2-1-4 所示。

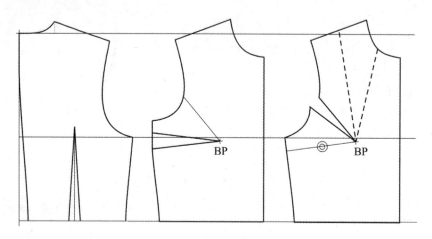

图 2-1-4　收省示意图

2. 部分胸省转为胸劈门

将一部分胸省转移到前中,使前中线变长,如图 2-1-5 所示。适用于翻驳点在胸围线以下的西装领、青果领等领型,因为翻折线经过胸部附近时,胸部凸起使翻折线呈弧形,需要一定的加长量,如果没有劈门设计,可能会出现搅止口现象。

要注意的是,有胸劈门的女装最好有归拔工艺相结合,否则会产生驳口线起空的弊病。

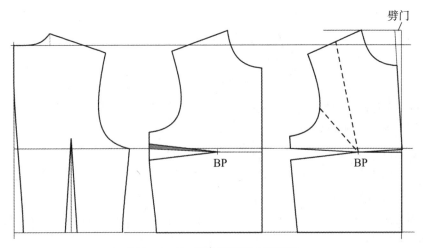

图 2-1-5　部分胸省转为胸劈门

3. 部分胸省转为袖窿松量

适合大部分合体和休闲服装，将部分胸省转移成袖窿松量，增大袖子活动量，减少胸部丰满度。如图 2-1-6 所示。

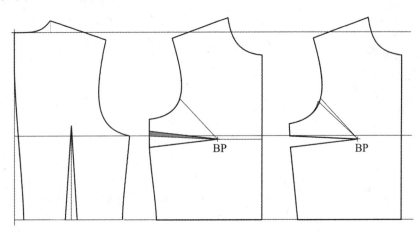

图 2-1-6　部分胸省转为袖窿松量

（六）西装领结构设计

西装领结构设计有两个关键点：

一是领子造型。在前片衣身上先对照款式认真画好领子造型，这一步非常重要。因为领子是第一视觉中心，同时领子也是服装的设计点，体现服装的流行趋势，所以在设计造型时一定要精雕细琢，追求完美，如驳头大小、缺嘴角度、串口线位置等等，一点细小的变化都会对领子造型产生影响。

二是倒伏量确定方法。倒伏量的准确与否同样也关系到领子造型，准确的倒伏量的标准是成品的领座和翻领符合设计尺寸，领子外口与衣身贴合平服，不紧不松。

制图步骤如下：

1. 根据款式设计领座（a）和翻领（b）尺寸，这里假设 a=3 cm，b=4.5 cm。

2. 西装领的倾斜度较大,为使领子有倾斜空间,前后横开领应开大 0.5～1 cm。

3. 确定翻折线。以前中点为圆心,前横开领－0.8a 为半径画弧。根据款式确定驳点位置,驳点和弧做切线就是翻折线,如图 2-1-7 所示。

4. 在衣身上画出领子造型。翻领在肩线上的位置为翻领(b)＋0.5 cm。注意造型美观。以翻折线为对称轴把领型复制到翻折线另一边。过侧颈点画翻折线的平行线,与延长的串口线连接完成前领口线,如图 2-1-8 所示。

5. 作翻折线的平行线,距离 0.9a。

6. 在平行线上量取领座与翻领宽之和,a＋b＝7.5 cm。定点,过该点作垂线,在垂线上量取 2(b－a),数据为 2×(4.5－3)＝3 cm。画出后领领底线,如图 2-1-9。

7. 在领底线上量取后领圈弧长,作垂线引出后领中线,取翻领和领座总宽,与前领弧线连顺,如图 2-1-10 所示。

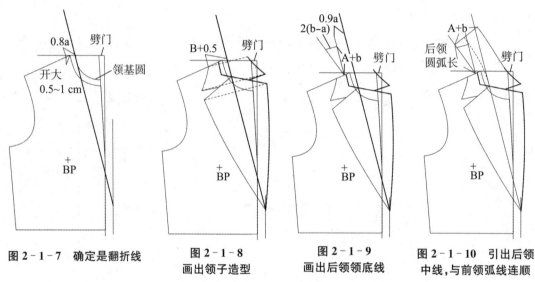

图 2-1-7 确定是翻折线　　图 2-1-8 画出领子造型　　图 2-1-9 画出后领领底线　　图 2-1-10 引出后领中线,与前领弧线连顺

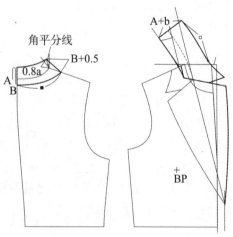

图 2-1-11 对结构进行校对

8. 画顺领底线和后领领折线,完成西装领制图。

9. 为保证西装领结构准确,必须对结构进行校对。如图 2-1-11 所示,在后领圈上画出领子穿着后形状,量取后领外口长(■),再量取制图中后领外口长(□),两个长度进行比较,准确的领子结构应该是□略长于■,具体情况要根据面料而定,薄的面料长 0.3～0.5 cm,厚的面料长 0.6～1 cm。若■＞□,说明制图中的后领外口长不能满足实际需要,要增加后领倾倒量。

（七）西装领立裁

1. 在白坯布上画出前中心线、前门襟线、翻领宽,翻领下面多余的部分剪去,注意翻领长度应该在人台上量出,并留出 3～4 cm 的调整量,如图 2-1-12 所示。

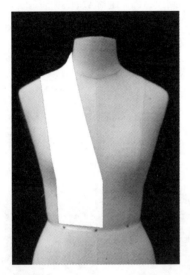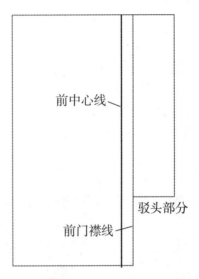

图 2-1-12　西装领立裁 1

2. 将样布的前中心线对准人台的前中心线,在人台的前领围处固定点①,由点①沿人台的前中心线向下推平固定点②,由点②向腰节推平,在腰节处固定点③。

3. 剪出前领口,并沿人台前领围线打剪口,由点①沿人台领围线向颈肩点推平固定点④,由点④沿肩部推平固定点⑤,如图 2-1-13 所示。

4. 设计出驳领折线,取下点①、点②,将驳领按折线翻折,如图 2-1-14 所示。

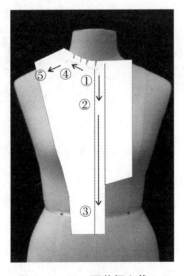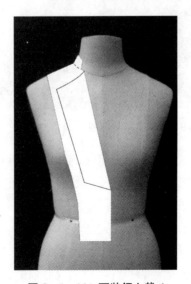

图 2-1-13　西装领立裁 2、3　　　图 2-1-14　西装领立裁 4

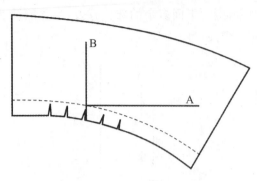

图 2-1-15　西装领立裁 6

5. 拼合肩缝，依据人台后领围线画出后领口线。

6. 取另外一块样布，先画 A 线，垂直于 A 线再画出 B 线，用虚线画出前领下口弧线，并在领下口弧线打剪口。如图 2-1-15 所示。

7. 将两条线的交点对准领口线和肩缝交叉处，用大头针将两个交叉点固定在一起，如图 2-1-16 所示。

8. 将领子的向后推，A 线与衣身的领口线重合，用大头针将 A 线固定在领口线上，至后领中线，如图 2-1-17 所示。

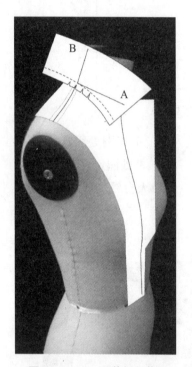

图 2-1-16　西装领立裁 7

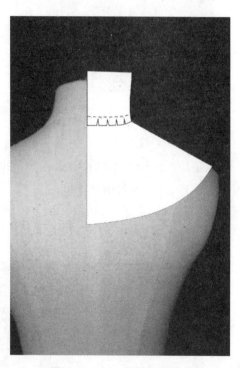

图 2-1-17　西装领立裁 8

9. 设定西装领的翻领高度，后领用大头针固定，在领子的边缘打剪口，使后领平整，前领与驳领重叠，用大头针在重叠处固定，如图 2-1-18 所示。

10. 将西装领立起来，将重叠的前领口固定，并调整西装领与驳领重叠的地方，使领子平整，如图 2-1-19 所示。

11. 在人台上画出西装领领型、西装领与驳领拼合线、前领口线。用滚轮压过西装领与驳领拼合部分、前后领口线。按人台后颈中心线描出或用滚轮压出后领中线，标出驳领与领子对位点标记，如图 2-1-20 所示。

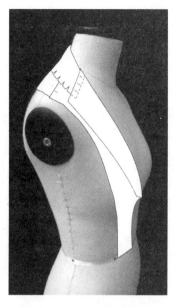 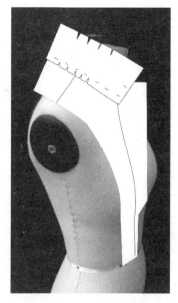 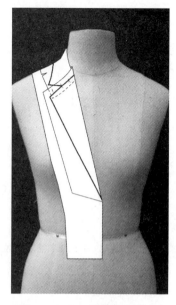

图 2‑1‑18　西装领立裁 9　　　图 2‑1‑19　西装领立裁 10　　　图 2‑1‑20　西装领立裁 11

（八）两片袖结构设计

　　两片袖的结构设计方法有很多种，如一片袖转换成两片袖制图等，但是对于合体的两片袖来说，衣身袖窿制图法是一种比较科学与准确的方法。因为袖子是安装在袖窿上的，袖窿造型和袖子结构关系密切，通过袖窿制图法能使袖山弧线和袖窿弧线吻合，并能准确控制每一段袖山弧线的吃势。

　　两片袖制图步骤如下：

　　1. 袖窿对位点设计

　　如图 2‑1‑21 所示，前袖窿对位点 A 位于胸围线向上 4 cm 处。后袖窿对位点 C 位于后中至胸围线的 1/2 向下 1 cm 处。

　　2. 袖山高设计

　　前后肩端点连线的 1/2 向下 3 cm 左右。

　　3. 以胸宽线为对称轴，画出 A 的对应点 A′（如果 A 点位于胸宽线上，此步骤可省略）。距离胸宽线左右各 2.5 cm 在袖窿弧线上找到 G 点和对称点 G′。把弧线 AG 复制过去。

　　4. A′E 的长度等于弧长 AB+0.2 cm，EF 长等于弧长 CD+0.5 cm，如图 2‑1‑22 所示，这里要注意根据款式要求和面料特性调整增加的数值，加的量越大，袖山吃势越大，如果面料组织紧密或者涂层面料等不易有较大吃势的面料，加的量不宜过大。

　　5. 向下延长胸宽线，在下方距离 0.5 cm 画一平行线。取袖长尺寸从袖山高 E 点画到平行线上。过该点作袖长斜线的垂线，为袖口线，在袖口线上取袖口大。

　　6. AE 上抛出 2 cm 左右画弧，EF 抛出 1.2 cm 画弧。弧线连接 F 点和袖口大点。前偏袖线在袖肘部凹进 1.5 cm。完成大袖片，如图 2‑1‑23 所示。

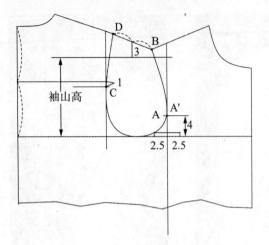

图 2 - 1 - 21　袖窿对位点设计

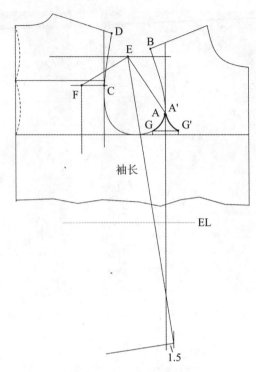

图 2 - 1 - 22　调整增加数值

7. 距离 C 点 2 cm 为 H 点,画顺小袖弧线。袖底部分与衣身袖窿重合,如图 2 - 1 - 24 所示。

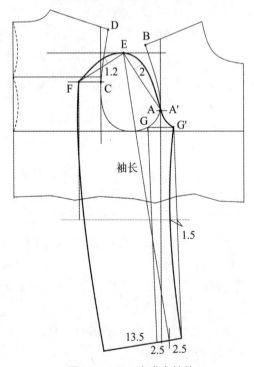

图 2 - 1 - 23　完成大袖片

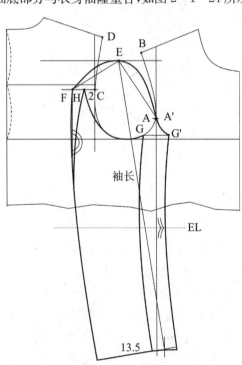

图 2 - 1 - 24　袖底部分与衣身袖窿重合

8. 两片袖合体袖吃势量的分配,一般为后袖山弧线最大,其次为前袖山弧线,后小袖弧线最小,袖底不能有吃势。

9. 袖子制作时,大袖片的前偏袖线袖肘处应拔开,后偏袖线袖肘以上应归拢。

（九）西装领的纸样设计

1. 里外匀处理

西装领领面的里外匀的变化是指表领和里领缝合卷曲后,里层与外层的围度差,里外匀不足,后领口会产生锯齿形的皱褶。

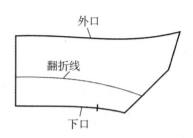

穿着后,表领外口为外弧,长度要加长;下口为内弧,要缩短,里外匀的量根据面料情况而定,厚的面料取的量大,轻薄的面料可以忽略不计,如图2-1-25所示。

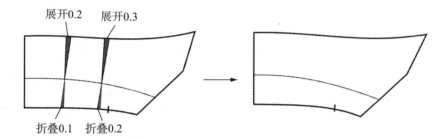

图2-1-25 里外匀处理手法1

里外匀的另一种做法,如图2-1-26所示。

2. 领面翻折线转折量加放

加放合适的翻折线转折量,领子能自然翻转,一般转折量为0.3～0.5 cm,厚料取值更大,轻薄面料可以忽略不计;为使领子成品外观看不到领里,不出现止口外吐的弊病,领面加宽0.2～0.3 cm,厚料取值更大。如图2-1-27所示。

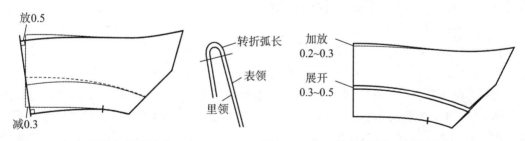

图2-1-26 里外匀处理手法2　　　　　**图2-1-27 领面翻折线、转折线加放**

3. 领脚的样板处理

连领座西装领有个缺点,就是翻折线不能抱合脖子,翻折线有多余的量,俗称"领离脖"。传统的方法是用归拔工艺解决,但是工业化生产需要简化工艺,尽可能在纸样上解决,采用分领座就是这个目的。

步骤(图2-1-28)：

(1) 离开翻折线0.8～1 cm作分割线。

(2) 作折叠线。以侧颈点为中心,两边各3 cm左右作折叠线,共三根,如果前下领线较短,可以只作两根折叠线。

(3) 确定折叠量,一般为1～1.2 cm。每根折叠线折叠0.5～0.6 cm。

(4) 修顺上领和领脚轮廓线。

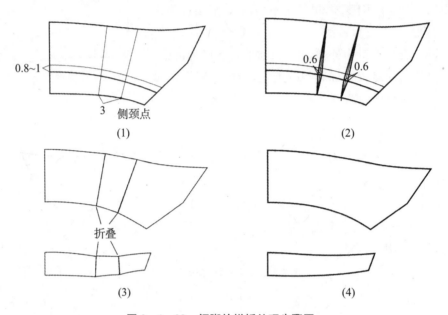

图2-1-28　领脚的样板处理步骤图

(十) 服装排料的原则

在服装工业化生产中,服装材料占生产成本很大的比重,因此如何节省面料是企业生产管理的重要内容。服装排料的合理性和高效性直接影响到服装成品的质量和成本,因此掌握排料知识,是学习服装制版必不可少的内容。

服装排料的原则有以下几点。

1. 保证设计质量,符合工艺要求

(1) 丝缕顺直

在排料时要严格按照样板的要求,认真注意丝缕的顺直。绝不允许为了省料而自行改变丝缕方向,当然在规定的技术标准内允许有事实上的误差,但决不能把直丝变成横丝或斜丝。因为丝缕是否正直,直接关系到成型后的衣服是否平整挺括、不走样,穿着是否舒适美观,即质量问题。

(2) 正反面正确

如何区分面料正反面。

● 一般织物正面的花纹色泽比反面清晰美观。

● 凸条及凹凸织物,正面紧密和细腻,具有条状和图案凸纹,而反面较粗糙,有较长的浮长线。

- 起毛面料。单面起毛的面料,起毛绒的一面为正面;双面起毛的面料,则以绒毛光洁整齐的一面为织物的正面。
- 观察织物的布边,布边光洁整齐的一面为织物的正面。
- 双层多层织物,正反面的经纬密度不同时,一般是正面有较大的密度或正面的原料较佳。
- 除出口产品以外,凡黏贴有说明书和盖有出厂检验章的一般为反面。
- 多数织物,其正反面有明显的区别,但也有不少织品的正反面极为相似,如平纹的府绸、巴厘纱等,两面均可应用,因此对这类织物可不强求区别其正反面。

(3)对条对格面料的排料

国家服装质量检验标准中关于对条对格有明确的规定,凡是面料有明显的条格,且格宽在 1 cm 以上者,要条料对条、格料对格。高档服装对条对格有更严格的要求。

上衣对格部位

- 左右门里襟
- 前后身侧缝
- 袖与大身
- 后身拼缝
- 左右领脚及衬衫左右袖头的条格要对应
- 后领面与后身中锋条格应对准
- 驳领的左右挂面应对称
- 大小袖片横格对准
- 同件衣服的袖子左右应对称
- 口袋与大身对格
- 左右袋嵌线条格对称

对条格的方法可分为两种。

一种是准确对格法(用钉子)。是在排料时将需要对条、对格的两个部件按对格要求准确地排好位置,划样时将条格划准,保证缝制组合时对正条格。采用这种方法排料,要求铺料时必须采用定位挂针铺料,以保证各层面料条格对准。而且相组合的部位应尽量排在同一条格方向,以避免由于原料条格不均而影响对格。

另一种是放格法,是在排料时,不按原型划样,而将样板适当放大,留出余量。裁剪时应按放大后的毛样进行开裁,待裁下毛坯后再逐层按对格要求划好净样,剪出裁片。这种方法比第一种方法更准确,铺料也可以不使用定位挂针,但不能裁剪一次成型,比较费工,也比较费料。在高档服装排料时多用这种方法。

(4)倒顺毛面料排料

表面起毛或起绒的面料,沿经向毛绒的排列就具有方向性。如灯芯绒面料一般应倒毛做,使成衣颜色偏深。粗纺类毛呢面料,如大衣呢、花呢、绒类面料,为防止明暗光线反光不一致,并且不易粘灰尘、起球,一般应顺毛做,因此排料时都要顺排。

（5）避免色差

布料在印、染、整理过程中,可能存在有色差。化纤类面料色差很少,天然纤维如棉织物、麻织物、丝织物等色差往往较严重。

原料色差有:

- 同色号中各匹料之间的色差;
- 同一匹面料左、中、右(布幅两边与中间)之间色差,也称边色差;
- 前、中、后各段的色差,也称段色差;
- 素色原料的正反面色差。

通常一件服装的排料基本上是排在一起的,所谓的要避免色差,主要是指边色差。一般情况是布幅两边颜色稍深,而中间稍浅。在排料时相同部位最好对称排料,另外重要部位的裁片应放在中间,因为中间大部分地区往往色差不严重,色差主要在布边几十厘米的地方。有段色差的面料,排料时应将相组合的部件尽可能排在同一纬向上,同件衣服的各片,排列时不应前后间隔太大,距离越大,色差程度就会越大。

（6）核对样板块数,不准遗漏

要严格按照技术科给的样板及面辅料清单进行检查。

2. 节约用料

在保证设计和制作工艺要求的前提下,尽量减少面料的用量是排料时应遵循的重要原则,也是工业化批量生产用料省的最大特点。

服装的成本,很大程度上在于面料的用量多少,而决定面料用量多少的关键又是排料方法。

（1）先大后小

排料时,先将主要部件较大的样板排好,然后再把零部件较小的样板在大片样板的间隙中及剩余部分进行排列,即小样板填排。

（2）套排紧密

要讲究排料艺术,注意排料布局。根据衣片和零部件的不同形状和角度,采用平对平、斜对斜、凹对凸的方法进行合理套排,并使两头排齐,减少空隙,充分提高原料的利用率。

（3）缺口合并

前后衣片的袖笼合在一起,就可以裁一只口袋,如分开,则变成较小的两块,可能毫无用处。缺口合并的目的是将碎料合并在一起,可以用来裁零料等小片样板,提高原料的利用率。

（4）大小搭配

当同一次排料上要几个码同时排时,应将大小不同规格的样板相互搭配。如有 S、M、L、XL、XXL 五种规格,一般采用以 L 码为中间码,M 与 XL 搭配排料,S 与 XXL 搭配。当然件数要相同。原因是一方面技术部门用中间号来核料,其他两种搭配用料基本同中间号,这样有利于裁剪车间核料,控制用料。另一方面,大配小,如同凹对凸一样,一般都有利于节约用料。

（十一）影响排料质量的因素

- 线条的准确性。排版线的粗细、正确与否，直接影响成衣的尺寸和外形。
- 裁剪设备的活动范围。排版时，应注意纸样与纸样间的排列要有足够的位置，让裁剪刀顺利地剪割弯位和角位，否则，易导致衣片尺寸不正确。
- 适当的标记。在排料图上，每一块纸样都应标有服装的尺码、款号、纸样名称，还有省位、袋位、袖衩位、丝缕方向等记号。
- 纸样的排列方向。如果有方向性的布料，就要特别注意纸样的排列方向，否则成衣上会出现毛羽方向不一致的质量问题。

（十二）工艺单编制

生产工艺单是指导服装生产的技术依据之一，是服装制作过程中的一个重要环节，是对服装企业中订单样板打制、样衣制作进行指导的特定文件，是控制服装质量的重要环节之一。

工艺单的内容较多，企业科根据不同产品的特点自行设计，一般有以下几点：

- 产品名称及货号；
- 产品概述；
- 产品平面款式图；
- 产品规格、测量方法及允许误差；
- 成品整烫及水洗要求；
- 缝纫形式及针距密度；
- 面、辅料的配备（包括品种、规格、数量、颜色等）；
- 产品折叠、搭配及包装方法；
- 配件及标志的有关规定；
- 产品各工序的缝制质量要求。

作为服装生产的工艺单必须具备完整性、准确性及可操作性，三者缺一不可。

1. 工艺单的完整性：主要是指内容的完整，它必须是全面的、全过程的，主要有裁剪工艺、缝纫工艺、锁钉工艺和整烫、包装等工艺的全部规定。

2. 工艺单的准确性：作为工艺单必须准确无误，不能模棱两可，含糊不清。主要内容包括：

- 图文并茂，一目了然，在文字难以表达的部位，可配以图解，并标以数据。
- 措词准确、严密、逻辑严谨，紧紧围绕工艺要求、目的和范围撰写，条文和词句既没有多余，也无不足。在说明工艺方法时，必须说明工艺部位。
- 术语统一。工艺文件所用的全部术语名称必须规范，执行服装术语标准规定的统一用语，为照顾方言，可以配注解同时使用，但在同一份工艺文件中对统一内容，不可以有不同的术语称呼，以免产生误会，导致发生产品质量事故。

3. 工艺文件的可操作性：工艺文件的制定必须以确认样的生产工艺及最后鉴定意见为

生产依据。文件应具有可操作性和先进性,未经实验过的原辅材料及操作方法,均不可以轻易列入工艺文件。

四、任务实施

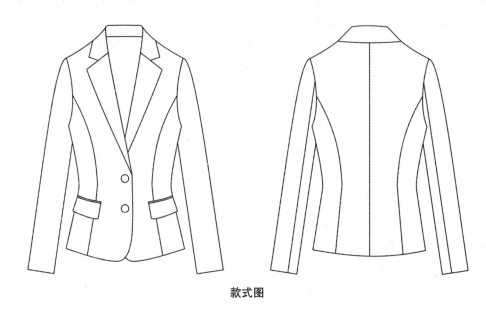

款式图

过程一:款式分析

1. 款式外观

本款为经典的公主线女西装,款式简洁大方,受很多女性喜爱。几乎每个品牌都会作为秋冬常规款推出,但是会跟随流行趋势在细节上寻求一些变化,如面料、色彩、领型、袖型的变化等。因为其造型简洁,没有过多的装饰,所以对版型和工艺的要求很高,同时本款的消费层次为30~40岁的职业女性,这个年龄段的消费者对服装品质要求很高,对版型和工艺的要求也很高。

本款为合体收腰造型,外观呈 X 型。衣长较短,大致在臀围线附近,单排两粒扣,前后衣片公主线分割,前片左右各一双嵌线口袋,装袋盖,下摆呈弧形。领子为西装领,翻驳点在腰节附近,串口线位置较高,驳头较窄;袖子为两片袖结构。

面料要求手感柔软,可以采用纯毛织物、毛涤织物或悬垂性好的弹性面料。

2. 尺寸分析

以国家服装号型规格 160/84A 为标准,本款上衣着装状态如图 2-1-29 所示。

(1) 衣长:衣长在臀围附近,在腰节下 19 cm 左右,考虑面料和人体活动因素,衣长要加上 1 cm 左右的调节值,衣长尺寸为:38(后腰节长)+19+1=58 cm。

(2) 胸围:合体造型的胸围松量在6~8 cm,根据款式的年龄定位和造型确定胸围的加放量,本款服装胸围加放 8 cm,为 92 cm。

(3) 肩宽:肩宽尺寸与人体肩宽一致,为 38 cm。

（4）袖长：上衣的袖长一般为双手自然下垂时，虎口以上2～3 cm。人体肩端点至腕关节的长度为 51 cm，袖长至腕关节下 6 cm 处，那么袖长尺寸为：51＋6＝57 cm。

（5）腰围：A 体型的胸腰差为 14～18 cm，为突出合体服装的收腰效果，本款胸腰差设计为 18 cm，腰围尺寸为：92－18＝74 cm。

（6）摆围：一般臀围的松量比胸围的松量小 2～4 cm，胸围松量 8 cm，则臀围松量 4～6 cm，设计本款摆围尺寸为：90＋4＝94 cm。

（7）领座高：一般为 2.5～3.5 cm，本款取 3 cm。

（8）翻领高：观察款式领子造型，取翻领高为 4 cm。

（9）驳头宽：造型决定尺寸，在制图时根据驳头造型确定。

（10）袖口大：最小尺寸为掌围，根据对款式的理解设计，本款取 12.5 cm。

（11）其余细部尺寸根据造型设计。

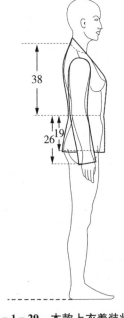

图 2－1－29　本款上衣着装状态

3. 办单图填写

办单图（尺寸表）		
品牌：AS	季节：秋装	日期：6 /2011
设计师：	款号：DL－1111	布料：

款式图

（续表）

办单图(尺寸表)							
尺寸表：							
上衣：							
前中长		后背宽		前夹弯		袋位	
后中长	58	腰直		后夹弯		上袋(高×宽)	5×13
肩宽	38	前领深		夹直		下袋(高×宽)	
胸围	92	后领深	2.5	袖长	57	腰带(长×宽)	
腰围	74	前领弯		袖脾(夹下1寸)		腰耳(长×宽)	
坐围		后领弯		袖口阔	12.5	搭位	
脚围		领宽(骨对骨)		袖衩		拉链长	
前胸宽							

过程二：结构设计

1. 制图的一般步骤

● 先整体，再局部。先整体就是抛开款式的细节，先确定服装的框架，把决定服装造型的重要数据先确定下来，如衣长、前后胸围、袖窿深、横开领等数据。

● 先确定长度，再确定围度。

2. 衣身框架设计思路（图2-1-30）

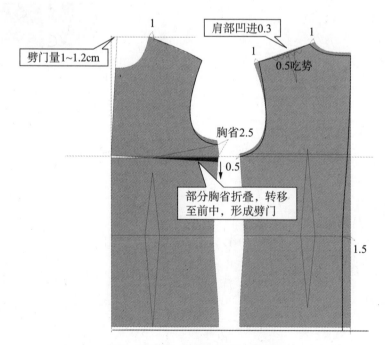

1

劈门量1~1.2cm

肩部凹进0.3

1

1

0.5吃势

胸省2.5

↓0.5

部分胸省折叠，转移至前中，形成劈门

1.5

图2-1-30　衣身框架设计思路图

结构框架的第一步就是设计胸省大小。

我们知道,全胸省的省量为 3.5 cm 左右,体型不同胸省量也不同,胸部丰满的体型胸省量大,反之胸省量小。

在服装结构设计中,使用胸省量的大小跟服装造型密切相关。胸省收得越大,那么胸部立体感越强,与人体贴合度越高,适合紧身或合体造型的服装。胸省收得越小,则胸部立体感不强,会产生余量,形成褶皱,但是活动机能加大,适合运动或休闲的服装。因此,在进行服装结构设计时,一定要仔细分析款式的造型特征,然后设计胸省量。

本款合体女西装为秋冬季节穿着,不要求非常紧身,因此,设计胸省量为 2.5 cm,把余下的胸省量(1 cm)一部分转移到前中,形成劈门量,使劈门量的大小控制在 1～1.2 cm,另一部门转移到袖窿,形成袖窿松量。

本款的领子为西装领,要在模板横开领基础上加大 1 cm。

肩部结构设计。本款后片不设肩省,也无法转移。模板肩宽减掉 1 cm,剩下的肩省量作为后肩吃势处理(根据面料缝纫性能可灵活设计)。

后中缝在腰节处收掉 1.5 cm,画顺后中弧线。

3. 衣身结构制图(图 2 - 1 - 31)

(1) 后片

● 后领圈弧线。后中降落 0.5 cm,画顺领圈弧线。注意弧度不要太大。

● 后小肩凹进 0.3 cm。

● 后袖窿弧线。交点在 1/2 袖窿深下落 2.5 cm 处,注意线条圆顺。

● 侧缝线。腰节处收进 1 cm,注意不要画成两条直线,线条圆顺。

● 分割线。设计分割线距离后中的尺寸,使后片的分割视觉美观,比例恰当。本款采用 8.5 cm。

(2) 前片

● 前小肩凸出 0.3 cm。

● 前袖窿弧线。前袖窿弧线的弧度要比后袖窿弧线大,与胸宽线的交点位于前袖窿深的三分之一处。

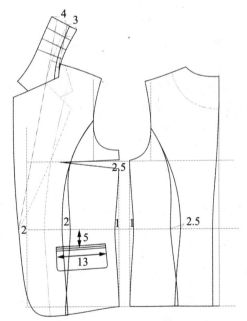

图 2 - 1 - 31 衣身结构制图

● 侧缝线。腰节处收进 1 cm,画顺侧缝线。

● 前中与下摆。确定翻驳点,分析款式造型,得知驳点位于腰节处附近。前中下摆为圆角设计,注意圆角造型。

● 分割线。分割线位置不要距离 BP 点过远,离 BP 点太远起不到突出胸部造型的作用;但是也不要刚好通过 BP 点,最好是离开 BP 点 1～2 cm。前中和侧片的两条分割线会有一个差量,在制作时可以作为容量处理。

● 袋位。袋位设计跟款式要求有关,要根据衣片的整体比例确定袋位。本款位于腰节线下 5 cm,在侧缝这边起翘 1 cm,基本保持和底摆斜度一致。

(3) 领子

● 确定翻折线。在颈侧点离开 0.8a(a 为领座高)定点,和翻驳点连接。

● 绘制领型。在翻折线一侧按照款式要求画好领型。这是非常重要的步骤,要调整到和款式图一致,同时要结合流行进行设计。

● 以翻折线为对称轴把领型翻到另一侧。

● 确定倒伏量,参阅本任务的"知识准备"。

● 修顺领子轮廓线,完成领子制图。

4. 袖子结构制图(图 2-1-32)

合体袖的结构设计最好采用在衣身袖窿上制图的方法。

● 袖山高的确定。前后肩端点连线的中点垂直向下 3～3.5 cm。

● 确定前袖窿对位点 E。一般在袖窿深线向上 4.5～5 cm 处。

● 袖子制图具体步骤参阅本任务的"知识准备"部分。

过程三: 样板制作

1. 衣身样板制作

在进行放缝之前,要先对结构图进行处理,如省道转移、剪切展开等。

前侧片省道处理。将省道合并,并修顺线条,如图 2-1-33 所示。

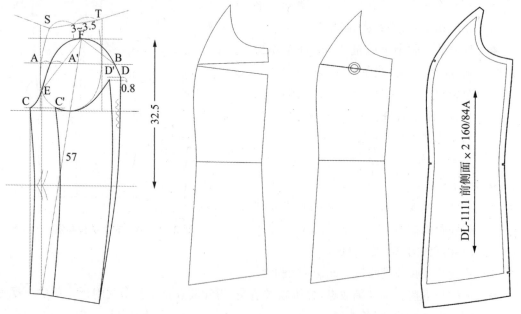

图 2-1-32 袖子结构制图   图 2-1-33 省道合并,修顺线条

衣身裁剪样板如图 2-1-34 所示。

放缝 1 cm,下摆贴边 4 cm。腰围线和胸围线作刀眼标记。

圆下摆贴边加放方法为,挂面处放缝 1 cm,距离挂面 1 cm 开始作 4 cm 贴边。

2. 袖子样板制作(图 2-1-35)

袖山弧线、内袖缝线、外袖缝线放缝 1 cm。

袖口贴边 4 cm。

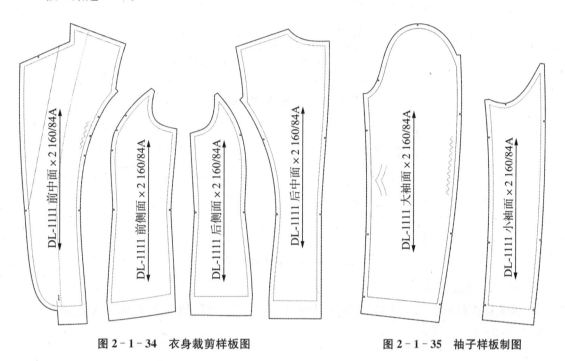

图 2-1-34　衣身裁剪样板图　　　　　　图 2-1-35　袖子样板制图

3. 领子样板制作

(1) 领子样板处理

为了使成衣领子能较好贴合脖子,达到良好的外观效果,表领作领脚处理。

如图 2-1-36 所示。首先翻折线展开 0.3 cm(图①);离开翻折线 0.5 cm 作分割线,作三条折叠线,每条线折叠 0.5 cm(图②);剪开分割线,折叠后修顺轮廓线(图③)。

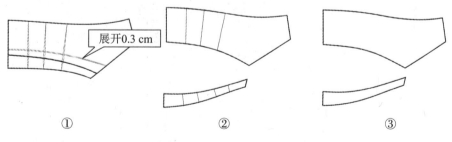

展开0.3 cm

①　　　　　　　　　②　　　　　　　　　③

图 2-1-36　领子样板图

（2）领子样板制作

● 小样板（图2-1-37）

● 裁剪样板（图2-1-38）

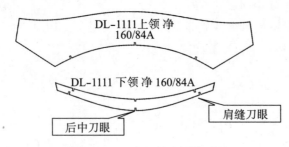

图2-1-37 领子小样板制作

图2-1-38 领子裁剪样板

4. 挂面样板制作

因为挂面翻折后处于外势，为保证挂面翻折后外观平服，翻折饱满，需要对挂面进行处理，如图2-1-39所示。

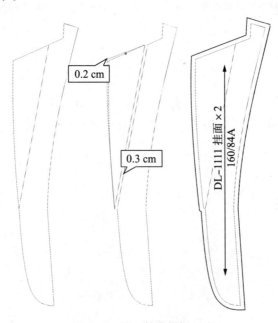

图2-1-39 挂面样板制作

按翻折线剪开,放出 0.3 cm 的翻折存势,在驳头处放出 0.2 cm 存势,修顺线条。加放量的多少根据面料厚度,厚的面料多放,薄的面料少放。

5. 部件样板制作(图 2-1-40)

● 袋盖要先做净样,然后在净样基础上放缝成毛样。注意袋盖净样两边要略微凸出,这样做好后袋盖两边不会凹进,保持成直线。

● 从后片复制后领贴,先做好净样板,放缝做成毛样板。

● 袋嵌条的丝缕最好采用 15°斜丝,做好后会更平整。

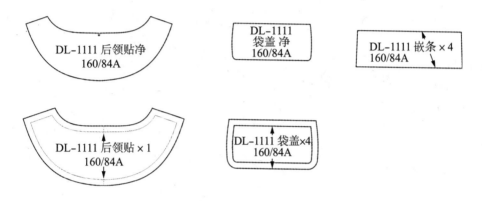

图 2-1-40　部件样板制作

6. 里布样板制作

(1) 后片(图 2-1-41)

● 后中线放 2.5 cm 缝头至腰围线。

● 肩缝在肩点处放出 0.5 cm 作为袖窿松量。

● 下摆在净样基础上放 1 cm,其余各边放 0.2 cm 坐缝。

● 后侧片下摆在净样基础上放 1 cm,其余各边放 0.2 cm 坐缝。

(2) 前片

● 按挂面净样线放缝 1 cm。

● 肩缝同后片在肩点处放出 0.5 cm 袖窿松量。

● 下摆做法有两种。第一种做法是前中片和前侧片里布同后片一样,都在净样基础上下落 1 cm。第二种是在分割线处在面料下摆净样线基础上下落 2 cm,前中同面料下摆齐平,侧缝处在净样基础上下落 1 cm,其余各边放 0.2 cm 坐缝。两种里布样板的处理方法不同,与面布缝合后的效果也不同。

(3) 袖子(图 2-1-42)

● 大袖片在袖山顶点加放 0.3 cm。在内袖缝处抬高 2.5 cm,放出 0.6 cm。在外袖缝处抬高 1.5 cm,放出 0.6 cm。袖口在贴边净样线上下落 1 cm。其余放 0.2 cm 坐缝。

● 小袖片在内袖缝处抬高 2.5 cm,放出 0.6 cm。在外袖缝处抬高 1.5 cm,放出 0.6 cm。袖口在贴边净样线上下落 1 cm。其余放 0.2 cm 坐缝。

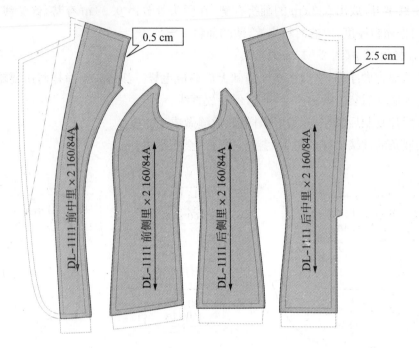

图 2-1-41

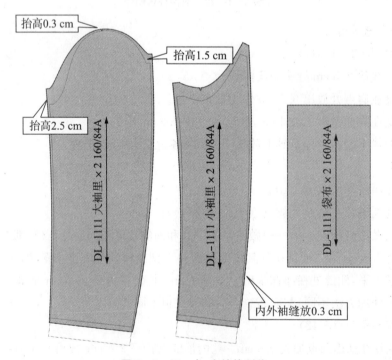

图 2-1-42 大、小袖片制作

（4）袋布

长度一般要求袋布装好后比衣身下摆短 3～4 cm，宽度比袋口宽 4 cm 左右。

7. 黏衬样板制作(图 2-1-43).

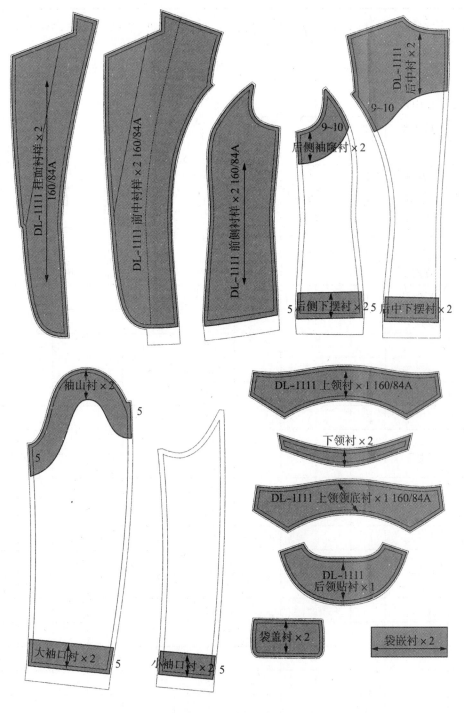

图 2-1-43 黏衬样板制作

8. 填写放样记录卡

放样记录卡

序号	名称	面	里	衬	撞色	贴　图				
1	前中片	2	2			前幅			后幅	
2	前侧片	2	2							
3	后中片	2	2							
4	后侧片	2	2							
5	挂面	2		2						
6	表领	1		1						
7	里领	1		1						
8	领脚	2		2						
9	袋盖	2	2	2						
10	袋嵌条	2		2		序号	名　称	面	里	衬	撞色
11	后领贴	1		1		29					
12						30					
13						31					
14						32					
15						33					
16						34					
17						35					
18						36					
19						37					
20						38					
21						39					
22						40					
23						41					
24						42					
25						43					
26						44					
27						45					
28						46					

出样师傅：　　　　　　　　复核：　　　　　　　　放样员：

过程四：样衣制作

■ 排料与裁剪

1. 面料排料参考图，如图 2 - 1 - 44 所示。（门幅 140 cm）

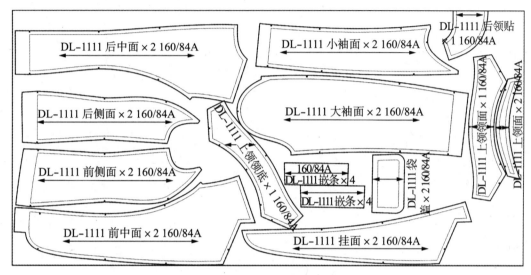

图 2 - 1 - 44　面料排料参考图

2. 里料排料图，如图 2 - 1 - 45 所示。（门幅 140 cm）

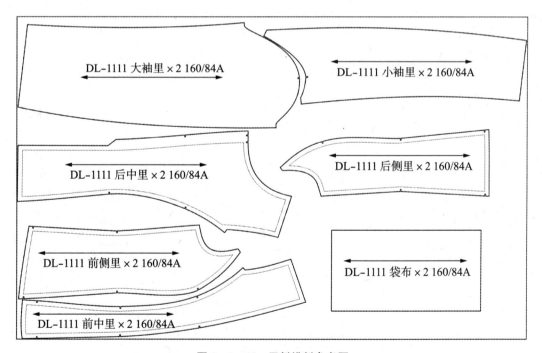

图 2 - 1 - 45　里料排料参考图

■ 生产工艺单编制

服装生产工艺单

难度等级

客户：		组别：		
制单号：DL－1111	纸样号：			
款式名称：西装领女上衣	面料：			
	制单数：		季节：秋季	
			款号：DL－1111	

款式图：

规 格 表（度量单位：cm）

部位名称	尺 码		
	155/80A	160/84A	165/88A
衣长	56	58	60
胸围	88	92	96
腰围	70	74	78
肩宽	37	38	39
袖长	55.5	57	58.5
袖口	12	12.5	13
袋口宽	12.5	13	13.5
领座高	3	3	3
翻领高	4	4	4
驳头宽	8	8	8

特种设备：圆头锁眼机

辅助工具：

针类：11号　　针码：13 针/3 cm

对条对格要求：

唛头位置：

工 艺 编 制

裁床注意事项：1. 裁片注意色差、色条、破损。
2. 纱向顺直，不允许有偏差。
3. 裁片准确，两层相符。
4. 刀口整齐，深 0.5 cm。

黏衬位置：前中片、挂面、袖口、领面、领脚、下摆、袋盖

工艺要求

前身：前分割线拼缝顺直，分缝烫开。门襟、肩缝、串口线、翻折线、袋盖等处烫牵条衬。开袋要求袋角方正、袋盖窝服，袋口不起皱，左右袋对称，口袋嵌条大小均匀。门襟止口缝头修成高低缝，压 0.1 cm 暗止口，翻烫时止口不反吐。圆角圆顺、驳头圆顺，下摆做出里口反。

后身：分割线拼缝顺直，下摆平服，下摆圆顺。左右小肩宽窄一致，腰部披烫后分缝烫开。

领子：领座分割线正面两边压缉 0.1 cm 明线、领角窝势自然、领外口领里坐进 0.2 cm。装领要求刀眼对准、转角方正，左右对称，缺嘴大小一致。

袖子：袖山吃势均匀，装袖圆顺，两袖对称。

工艺编制：　　　编制日期：　　　工艺审核：　　　审核日期：

■ 样衣制作

（一）缝制工艺流程

准备工作——缝合衣片面的前中片与前侧片、后中片与后侧片——缝制挖袋——缝制前门襟——拼合衣身面侧缝和肩缝——拼合衣身里布——面里拼合——做领——绱领——做袖——绱袖——整烫、锁钉。

（二）具体缝制工艺步骤及要求

1. 准备工作

（1）在正式缝制前需选用相应的针号和线，调整好底、面线的松紧度及线迹密度。

针号：11 号或 14 号。

用线与线迹密度：明线 12～14 针/3 cm，面、底线均用配色涤纶线。

（2）黏衬及修片

先将衣片与黏衬小烫固定。注意黏衬比裁片要略小 0.2 cm 左右，固定时不能改变布料的经纬向丝缕。

过黏合机后，摊平放凉，重新按裁剪样板修建裁片。

2. 缝合前中片和前侧片、后中片与后侧片

如图 2-1-46 所示。缝合前中片与前侧片，对准胸围线和腰节刀眼，缝份 1 cm，腰节刀眼以上缝份的弧线部位斜向打剪口，分缝烫平。

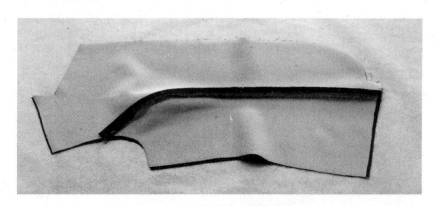

图 2-1-46　缝合前中片与前侧片

沿前中片的门襟止口净线内侧、串口线、肩线和翻折线等处烫上 1 cm 宽的直丝牵条衬。在袖隆处沿布边烫上斜丝牵条衬，要求牵条稍拉紧，如图 2-1-47 所示。

如图 2-1-48 所示，缝合后中片与后侧片，对准胸围线和腰节刀眼，缝份 1 cm，腰节刀眼以上缝份的弧线部位斜向打剪口，分缝烫平。

3. 缝制挖袋

（1）缝制袋盖（图 2-1-49）

通常袋盖面采用面料，袋盖里采用里料，袋盖里烫上黏衬。准备好袋盖净样，将袋盖净样放在袋盖里上，用铅笔画出净样线。

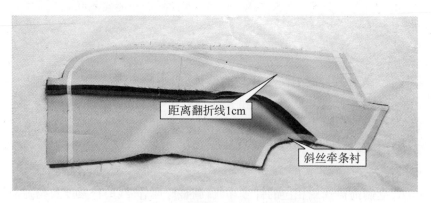

距离翻折线1cm

斜丝牵条衬

图 2 - 1 - 47　袖窿处沿布边烫上斜丝牵条衬

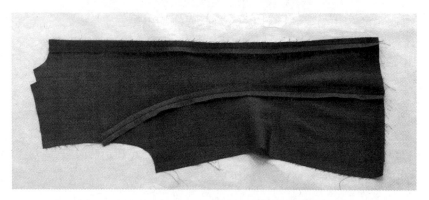

图 2 - 1 - 48　缝合后中片与后侧片

　　车缝袋盖,将里布放在面布上,沿边对齐,沿净缝车缝三边,车缝袋盖两侧及圆角时,要求里布要紧,两角圆顺,窝势自然。

　　修剪缝头,将车缝后的三边缝头修剪到 0.6 cm,圆角处修剪到 0.3 cm,然后将缝份往里子一边烫到。将袋盖翻到正面进行熨烫。

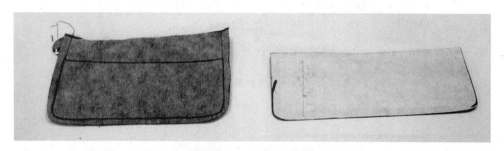

图 2 - 1 - 49　缝制袋盖

(2) 挖袋(图 2 - 1 - 50)

先在嵌线布反面烫上黏合衬,然后画出嵌线的长度和宽度。

在衣片正面袋位处缉缝嵌线布,两端回车固定,如图①所示。

将衣片袋位的两头剪成 Y 形,把嵌线布翻到反面,分缝烫开,整理嵌线布的宽度,注意上下嵌线宽窄一致,如图②所示。

车缝袋口两端的三角,要四角方正,如图③所示。

安装袋盖、缝制袋布,如图④所示。

挖袋完成后的形状,如图⑤所示。

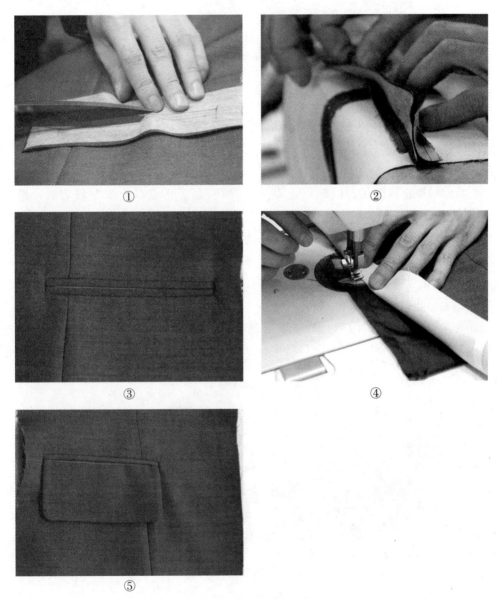

图 2－1－50　挖袋布骤图

4. 缝制前门襟

(1) 车缝门襟止口。按门襟净样核对衣片与挂面的装领点、翻折止点的刀眼是否准确;确定左右对称,里外匀适当后车缝固定。

注意:以翻折止点为分界点,翻折止点以上部分(驳头上端)挂面稍松,衣片稍紧;翻折

止点以下部分(衣片下摆角部)稍紧,衣片稍松。里外匀的程度在翻折止点以上部分更大些。(图 2-1-51)

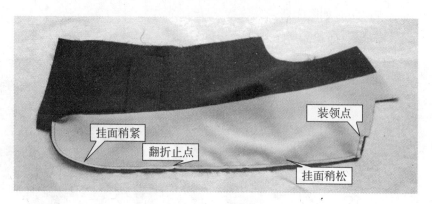

图 2-1-51　车缝门襟止口

(2) 修剪门襟止口缝份。以翻折止点为分界线,翻折止点以上部分修剪衣片缝份到 0.4 cm 左右,挂面缝份到 0.8 cm 左右;翻折止点以下部分修剪衣片缝份到 0.8 cm 左右,挂面缝份到 0.4 cm 左右。

(3) 车门襟止口暗线。翻到正面,车 0.1 cm 暗止口线。注意翻折止点两侧 4 cm 左右不车止口线,翻折止点以上部分从距驳头上端 3 cm 左右起,在衣片上车止口线,翻折止点以下部分在挂面上车止口线。

(4) 熨烫前门襟止口。门襟止口按要求烫出里外匀,不能有虚边。翻折止点以上部分止口烫向衣片,翻折止点以下部分止口烫向挂面。(图 2-1-52)

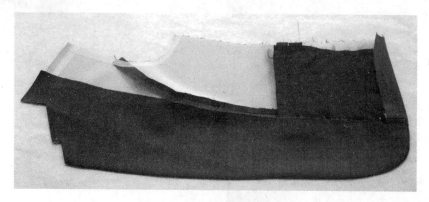

图 2-1-52　熨烫前门襟止口

5. 拼合衣身面侧缝和肩缝

先缝合面布的前后侧缝,在腰节处进行拔烫,然后分缝烫开;再缝合面布的前后肩缝,分缝烫开。

6. 拼合衣身里布(图 2-1-53)

缝合时,缝份 1 cm,缝合后按 1.2 cm 缝份折烫。

图 2-1-53 拼合衣身里布

后领贴烫黏衬,按照净样画出净缝线,缝合后领贴与后片里布。

7. 面里拼合

拼合挂面与里前片:对准腰节刀眼,缝合挂面与里前片,缝份 1 cm,在刀眼以上弧线部位里布可吃 0.3~0.5 cm,缝至距下摆 3 cm 止,缝份倒向侧缝方向。

缝合面布与里布的下摆(图 2-1-54)。

(1) 缝份为 1 cm,需对齐各条拼缝。

(2) 手缝固定底摆贴边。用 0.7 cm/针的三角针,从左到右,线迹稍松。

(3) 熨烫底摆坐缝。摊平衣片,对齐衣片面、里的领线、袖窿线,里子长度的多余量放到底摆处烫平,里子底边一般距面子底边约 1 cm。

图 2-1-54 缝合面布与里布的下摆

8. 做领

拼合领里和领面的上领和领座,并将缝份修剪至 0.6 cm 左右。领里缝份倒向领座,并压 0.1 cm 明线,如图 2−1−55 所示;领面缝份分缝烫开,并各压 0.1 cm 明线。用净样板在领子的领里上划出净样(包括上领和领座),将领里的缝份修剪到 0.7 cm,同时核对领面缝份是否为 1 cm,要在后中点上打剪口。

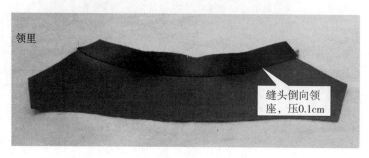

图 2−1−55　做领

(1) 缝合领里与领面。对准领里与领面的后中点。领尖,对齐缝合领子的造型线,使颈侧点与领尖部位的领面略松,领里略紧,从而做出合适的里外匀,目的是使完成后的领子略向里窝,外观自然平服。

(2) 修剪并翻烫领子。领里缝份修剪到 0.8 cm 左右,领面缝份修剪到 0.5 cm 左右,在弧线处打斜向剪口,剪去领尖缝份,然后翻到正面,距领尖 3~4 cm 处车暗止口线后熨烫,注意止口线不能反吐。如图 2−1−56 所示。

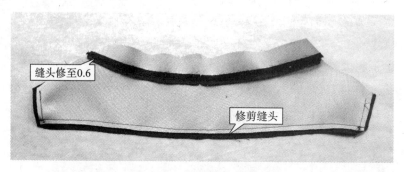

图 2−1−56　修剪并翻烫领子

9. 绱领

(1) 车缝串口线。先在大身上划出转角车缝线,然后对准装领点,分别缝合领面与挂面。领里与衣片的串口线,缝份 1 cm,缝份分缝烫开。

(2) 缝合余下领圈。对准后中点、颈侧点,分别缝合领面与衣片里布,领里与衣片面布,将剩下的领圈部分装好,缝份分缝烫开。

(3) 手工缲缝固定领圈。先用单股线半回针针法缲缝固定串口线,再缲缝固定余下的领圈缝份。

如图 2−1−57 所示,为绱领后效果。

10. 做袖

（1）归拔大袖片。将两片大袖片正面相对，反面朝上，在肘线位置用熨斗归拔。

（2）拼合大、小袖片。缝合面子的外袖缝，至袖贴净线止，再分缝烫开。再拼合面子的内袖缝，缝合内袖缝至袖贴净样，分缝烫开。

（3）拼合里袖内、外袖缝。大小修片正面相对，按1 cm车缝，再按净线（按1.2 cm扣烫）扣烫袖缝，袖缝倒向大袖片。

（4）缝合袖里与袖贴的袖口缝。缝份1 cm，缝至内袖缝净线。

（5）缭缝固定袖口贴边。用0.7 cm/针的三角针缭缝袖口贴边，线迹稍松，接着在内袖缝上用半回针固定袖里与袖贴，针距2 cm/针，回0.2 cm/针。

袖子完成后效果如图2－1－58所示。

图2－1－57　缭领后效果

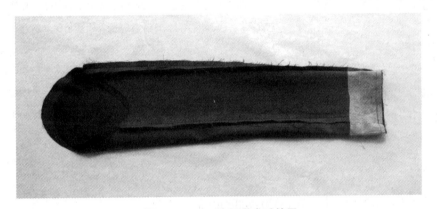

图2－1－58　袖子完成后效果

11. 缭袖

（1）抽吃势。抽缩袖山疏缝线的两根缝线，将袖子的吃势抽到合适的位置，注意吃势的分布规律；再烫吃势，把抽缩好的袖子放在烫凳上，反面朝上熨烫，使袖子吃势定位更为均匀，如图2－1－59所示。

（2）假缝缭袖。手缝固定袖子与袖窿：对准袖中点、袖底点或对位记号，假缝袖子与袖窿，缝份0.8～0.9 cm，缝迹密度0.3 cm/针。

（3）试穿调整。将假缝好的衣服套在人台上试穿，观察袖子的定位与吃势，进行适当的调整，要求两个袖子定位左右对称、吃势均匀。

（4）车缝缭袖。缝份1 cm，倒向袖片。注意：袖山处的装袖缝份不能烫倒，以保持自然的袖子吃势。然后缭袖窿垫条。裁剪面布2片，规格为3 cm×30 cm的斜丝布条，车缝或手

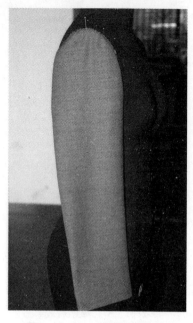

图 2-1-59　抽缩袖子吃势

工纫缝在袖子一侧的袖山位置,目的是垫吃势,使袖子吃势外观上更丰满、自然。

(5) 绱垫肩。将垫肩放到衣片正确的位置,先在衣片正面纫缝固定(距袖窿边 1 cm 左右)衣片面与垫肩,以便定位,再如图将垫肩分别缲缝固定在衣片的肩缝和装袖缝上。

(6) 缝合里布的袖子与袖窿。先缝合一个里袖,另一个里袖缝合大袖与袖窿,余下部分在正面用暗缲针缝合。或先将衣片里子袖窿用半回针与面子固定,然后用暗缲针缝合袖里与袖窿。

12. 整烫

使用大烫机来整烫成衣。整烫时宜使用垫布、布馒头、烫凳等工具。整烫时注意前门襟丝缕要直,绱领线、驳口折线要从里侧轻烫,领子翻折线下端不要烫死,翻驳领应自然。烫肩布时,要穿在人台上或垫入布馒头,此时熨斗可贴住袖山熨烫,但要注意不能破坏袖山的圆度,袖子圆顺,大身平服。

13. 锁钉

扣位在衣片右侧锁扣眼,扣位距翻折点 0.5~1 cm,扣眼大小＝扣子直径＋扣子厚度。在衣片左侧按扣眼位置钉扣子,钉扣绕脚的长度与前门襟的厚度基本相同。为不损伤面料,在衣片贴边侧使用垫扣。

(三) 质量要求

● 领子:驳头平顺,驳口、串口顺直,两领脚长短一致,里外匀恰当,窝势自然。

● 袖子:两袖长短一致、左右对称,装修圆顺,前后一致。

● 门襟左右对称、长短一致,纽位高低对齐。

● 袋位高低一致,左右对称。

● 里子、挂面及各部位松紧适宜平顺。

● 线迹平整,无跳线、浮线,线头修剪干净。

● 规格尺寸符合设计要求,成衣整洁,各部位熨烫平整。

五、任务反思

(一) 学习反思

1. 掌握了本次任务要求的知识和技能了吗?

2. 通过本次任务的学习,有哪些收获。

3. 在本次任务实施过程中,还存在哪些不足,将如何改进。

（二）拓展训练

按照下面的款式图进行款式分析、结构设计、样板制作和样衣制作。

六、任务评价

评价指标	评价标准	评价依据	权重	得分
款式分析	A：款式图比例准确、造型美观；款式描述到位、详细；各部位规格制定合理。 B：款式图比例较准确；款式描述基本到位；各部位规格制定合理。 C：款式图比例不准确；款式描述不到位；各部位规格制定不够合理。	款式分析报告单 A：8～10分 B：5～7分 C：5分以下	10	
结构设计	A：结构准确，细部规格设计合理，造型美观、线条流畅。 B：结构基本准确，细部规格设计基本合理，线条比较流畅。 C：结构不准确，细部规格设计不合理，线条不流畅。	结构制图 A：16～20分 B：11～15分 C：10分以下	20	
样板制作	A：样板齐全，制作规范，标识齐全。 B：样板齐全，有2处以下制作错误，标识遗漏5处以下。 C：样板不齐全，多处制作错误、标识不齐全。	样板 A：12～15分 B：8～11分 C：7分以下	15	

（续表）

评价指标	评价标准	评价依据	权重	得分
样衣制作	A：制作完整,成衣感强,外观平整、制作精良,细部处理合理。 B：制作完整,外观较平整、细部处理较合理。 C：制作不完整,外观不平整、细部处理不合理。	样衣 A：20～25分 B：13～19分 C：12分以下	25	
职业素质	迟到早退一次扣2分,旷课一次扣5分,未按值日安排值日一次扣3分,人离机器、不关机器一次扣3分,将零食带进教室一次扣2分,不带工具和材料扣5分,不交作业一次扣5分。		30	
总分				

任务二　青果领翘肩休闲上装制版与工艺

一、任务目标

通过本项目学习,你应该:

1. 能根据休闲时尚款上装的设计稿或款式图进行款式分析,并能描述款式特点;
2. 能根据分析结果制定成衣规格;
3. 能根据款式图或设计稿绘制正面和背面结构图;
4. 能根据款式特点选择结构设计方法并实施;
5. 能根据面料性能和工艺要求进行样板制作;
6. 能按照生产要求进行排料;
7. 能进行面、辅料裁剪;
8. 能进行休闲时尚女上装工艺单编写;
9. 熟悉休闲上装工艺制作流程;
10. 能进行后整理操作。

二、任务描述

按照提供的休闲女上装款式图或设计稿进行款式分析,分析款式造型、面料特点、工艺方法等,在分析基础上制定成衣各部位规格;然后进行结构设计,要求体现款式特征,结构准确合理、造型比例恰当,线条流畅;在结构设计基础上进行符合企业生产标准的纸样制作,包括面料样板、里布样板、净样板等,要求制作规范、片数完整;根据完成的工业样板进行排料和裁剪,最后进行样衣制作,根据样衣试穿效果进行结构调整。

三、知识准备

（一）人体着装尺寸设计

1. 围度尺寸设计

（1）领围

关门领的领围尺寸在颈围的基础上加放 2 cm 比较合适,最小可采用加放 1 cm,若不加放,直接采用颈围尺寸,穿着时会使人感到窒息。

● 套头衫必须考虑能够将头部从领口处套进和脱出,即要求领围不小于头围。

- 横开领较大的服装必须防止领口横开过大,造成衣服从肩部滑落。
- 直开领较深的服装必须考虑领开深了是否会使乳房外漏,造成不雅。

(2) 胸围

胸围最小加放量仅供人体呼吸的尺寸是 2 cm,但还要考虑必要的皮肤伸展量,这样胸围最小加放尺寸就不能小于 4 cm。胸围的加放必须与肩宽尺寸的加放成正比。也就是说,在加大胸围放松量的同时也要加大肩宽尺寸。

(3) 腰围

服装紧小型腰围尺寸通常就是人体净腰围尺寸,极限小尺度可比人体净腰围再小 2 cm,但穿着时会感到不适。裤、裙腰围极限大尺度不大于髋部围尺寸,低腰围必须不大于中臀围尺寸。

(4) 臀围

臀围最小尺寸,以坐姿为常态,一般加放 3 cm。

(5) 袖口(无开衩)

袖口极限小尺寸应考虑能使手掌通过,还应考虑袖口上撸到前臂根部、肘部时的尺寸要求。

(6) 脚口(无开衩)

脚口极限小尺寸应考虑能使脚绷直后通过,短裤还应考虑大腿围及走路所要活动的尺寸。

(7) 摆围

- 衣摆围:若衣摆位于臀围处,则衣摆≥臂围+4 cm。
- 裙摆围:不同的裙子长度应考虑不同的摆围,裙摆围度极限是以步行方便为原则的,有时因裙造型需要摆围尺寸小于步行围尺寸,则应考虑开衩。

(8) 胸背宽

与胸围、肩宽成正比,装袖结构的上衣,背宽不能小于胸宽。

3. 长度尺寸设计

(1) 裙长

裙长后部长度可以很长,可以拖地,而前部长度,则要受到步行方便的条件限制,因此前部极限长度以盖住脚背为合适。

(2) 袖长

长袖以袖口在腕骨凸点向下 4 cm 为较佳长度,短袖以袖口在上臂的上 1/3 处为较佳长度。在设计袖长尺寸时一定要考虑肩宽尺寸带来的影响。

(3) 开衩长

服装开衩通常有功能性作用,一般是摆围尺寸达不到人体活动、步行等所必要的围度尺寸要求时,就采用开衩来弥补。

(4) 拉链长

连衣裙、连身衣、裙子、裤子通常都装有拉链,装拉链的目的是为了穿脱方便。因此连衣裙、连身衣侧缝等处装拉链,一定要使拉链开口量加腰围尺寸不小于人体肩部宽围尺寸或者臀围尺寸;裙子、裤子装拉链,一定要使拉链开口量加腰围尺寸不小于人体臀围尺寸。

（二）弧线翻折线西装领结构设计

弧线翻折线西装领造型如图2-2-1所示。

图2-2-1　弧线翻折线西装领

翻折线为弧线的西装领通常做法是沿着翻折线分割,这种做法虽然也能达到弧线翻折的效果,但由于挂面、衣身与领子的拼缝都在同一分割线上,尤其在靠近翻驳点处堆积很多缝头,不易翻折平服,造成领子外观效果不佳。为取得最佳效果,我们将对弧线翻折领的结构设计方法进行改进。

1. 弧线翻折领结构设计

（1）根据款式的领子造型画出弧线翻折线,在肩部离开颈侧点0.8a(a为领座高)距离。在距离翻驳点8 cm左右为直线,过该点做垂线。如图2-2-2所示。

（2）过颈侧点做弧形翻折线的平行线,为弧线①;以翻折线为对称轴画弧线②。如图2-2-3所示。

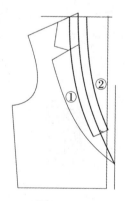

图2-2-2　　　　　　　　　图2-2-3

（3）在后衣片上画出领外弧的形状并测量长度。以 A 点为圆心（A 点为颈侧点的对称点），以后领圈弧长（○）为半径画弧，为弧线 A′；以 B 点为圆心，以领外弧长（■）为半径画弧，为弧线 B′，做两条弧线的切线。如图 2-2-4 所示。

（4）过切线的切点连接 A 点和 B 点，画顺。如图 2-2-5 所示。

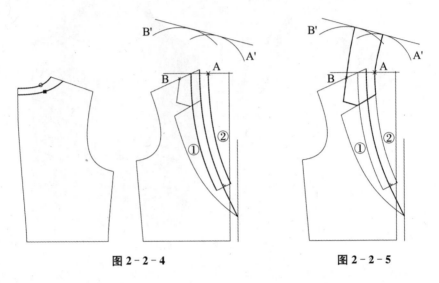

图 2-2-4　　　　　　　　　　图 2-2-5

2. 弧线翻折领样板制作

（1）领子复制后做成完整样板。

（2）把挂面分成两部分，A 和 B，如图 2-2-6 所示。A 部分挂面单独放缝。

（3）B 部分和 C 部分拼合成一块挂面样板。

（4）C 部分为和衣片缝合的领片。

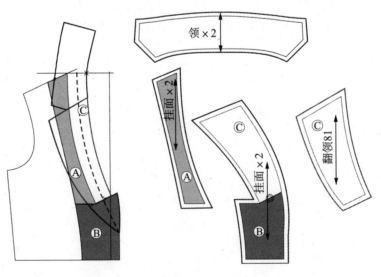

图 2-2-6

（三）翻折线为折线的西装领结构设计

款式如图所示。

折线翻折西装领结构设计方法

（1）根据款式的领子造型画出弧线翻折线，在肩部离开颈侧点 0.8a（a 为领座高）距离。如图 2-2-7 所示。

（2）过颈侧点做翻折线的平行线，以翻折线为对称轴把线段①复制到另一侧。如图 2-2-8 所示。

图 2-2-7

图 2-2-8

（3）在后衣片上画出领外弧的形状并测量长度。以 A 点为圆心（A 点为颈侧点的对称点），以后领圈弧长（○）为半径画弧，为弧线 A'；以 B 点为圆心，以领外弧长（■）为半径画弧，为弧线 B'，做两条弧线的切线。如图 2-2-9 所示。

（4）过切线的切点连接 A 点和 B 点，画顺。把驳领部分按翻折线对称到另一边。如图 2-2-10 所示。

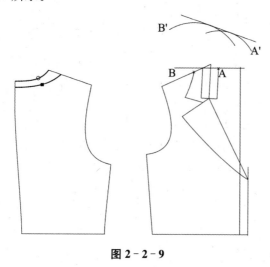

图 2-2-9

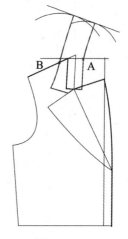

图 2-2-10

（四）合体袖的装饰性结构

1. 袖山收省合体袖结构（图2-2-11）

在袖山收省或做折裥变化的袖子，为了使肩部看起来不会太宽，一般都会做借肩处理，就是去掉部分肩部的量，使肩部变窄，将去掉的部分补在袖子上。

具体结构设计方法如下。

（1）根据袖子造型进行结构设计，注意袖肥尺寸。

（2）在前后肩缝各去掉2.5 cm，重新画顺袖窿弧线，然后量取前后袖窿弧长并记录。

（3）将肩部去掉的2.5 cm补在袖山上，即将袖山抬高2.5 cm，画顺袖山弧线。

（4）折叠袖山弧线使之与衣身袖窿弧线等长，将借肩的宽度调整为3 cm，画顺袖山造型。

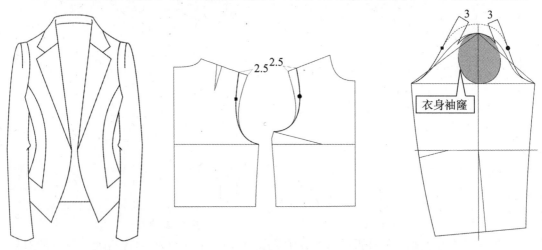

图2-2-11　袖山收省合体袖结构图

2. 袖山纵向分割合体袖结构

款式如图所示，在款式一的基础上进行变化，将省道变成分割线。其结构设计方法基本与款式一相同。具体见图2-2-12。

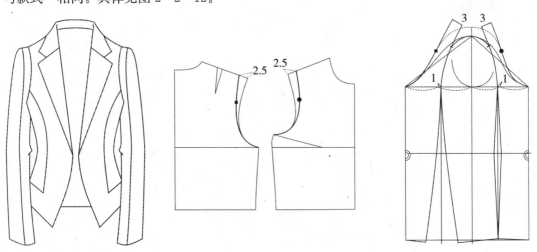

图2-2-12　袖山纵向分割合体袖结构图

（五）宽松袖

结构设计方法如下：

（1）调整衣片肩宽。袖山褶皱设计或起翘设计的袖子，由于袖山受力的关系，衣片肩点要进行调整，衣身的肩点要在正常肩宽的基础上缩进 1～3 cm，如图 2-2-13 所示。把衣身袖窿挖掉的部分补到袖山上，也称"挖补"。

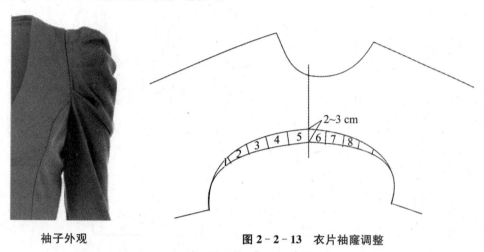

袖子外观　　　　　　　　**图 2-2-13　衣片袖窿调整**

（2）调整袖中线。由于本款袖子为一片袖结构，为了使袖子获得更好的造型，袖子要略微偏前，袖中线往前调整 2.5 cm。如图 2-2-14 所示。

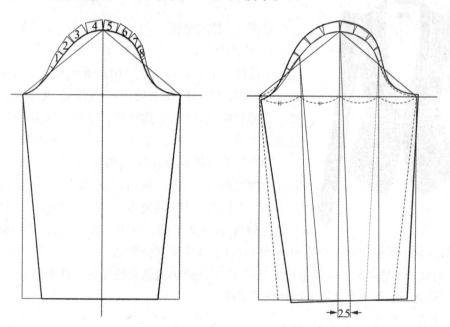

图 2-2-14　袖中线调整

（3）画出剪切线。褶量加放采用剪切展开法。由于袖子展开的量主要在袖肘以上，因此，剪切线从袖山画到袖肘线，块数可以自己选择，不宜太稀或太密。

（4）放出袖山褶量，修顺袖山弧线。展开的量根据款式需要自行设计，在原来袖山高的基础上抬高 3～4 cm（抬高的量越大，袖山下垂的量越大），修顺袖山弧线。如图 2-2-15 所示。

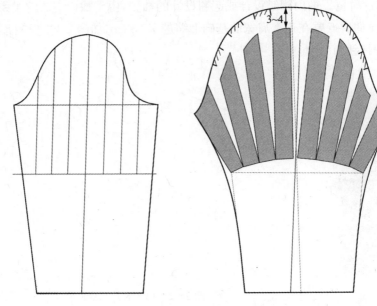

图 2-2-15　袖山剪切展开

四、任务实施

过程一：款式分析

1. 款式外观

本款的一个显著特征是采用了近年来非常流行的翘肩设计，造型合体收身，线条处理简洁到位，既体现了现代女性的干练和帅气，腰部装饰性极强的腰带又体现了女性的妩媚和柔美。本款为 AS 品牌 2011 秋季第二波段产品。

本上装为合体收腰造型，整体呈 X 造型。衣长较短，大致在臀围线附近，单排一粒扣，前后衣片公主线分割，前片左右各一双嵌线口袋，装袋盖，口袋上方设计一斜向省道，省道指向胸点，圆角下摆。领子为弧线的青果领，翻驳点在腰节附近；袖子采用合体一片袖变形，窄肩设计，部分肩宽借到袖子。

面料要求手感柔软。可以采用纯毛织物、毛涤织物或悬垂性好的弹性面料，也可采用带有科技感的面料，体现本款服装的帅气和新潮。

2. 尺寸分析

以国家服装号型规格 160/84A 的人体各部位数值为标准。

（1）衣长：在腰节下 20 cm 左右，考虑面料和人体活动因素，衣长加上 1 cm 左右的调节值，那么衣长尺寸为：38（后腰节长）＋20＋1＝59 cm。

（2）胸围：本款式为合体休闲上装，胸围加放 8 cm，为 92 cm。

（3）肩宽：38 cm。

（4）袖长：袖长至腕关节下 7 cm 处，那么袖长尺寸为：51＋7＝58 cm。

（5）腰围：A 体型的胸腰差为 14～18 cm，为突出合体服装的收腰效果，本款胸腰差设计为 18 cm，腰围尺寸为：92－18＝74 cm。

（6）摆围：本款上衣为 X 造型，下摆略微张开，设计臀围松量 6 cm，摆围尺寸为：90＋6＝96 cm。

（7）领座高：一般为 2.5～3.5 cm，本款取 3 cm。

（8）翻领高：根据领子造型，取翻领高为 4.5 cm。

（9）袖口大：最小尺寸为掌围，根据对款式的理解设计，本款取 12 cm。

3. 办单图填写

办单图（尺寸表）						
品牌：AS		季节：秋装		日期：6 /2011		
设计师：		款号：DL－1113		布料：		
款式图						
尺寸表：						
上衣：						
前中长		后背宽		前夹弯		袋位
后中长	59	腰直		后夹弯		上袋（高×宽）
肩宽	38	前领深		夹直		下袋（高×宽）
胸围	92	后领深	2.5	袖长	58	腰带（长×宽）
腰围	74	前领弯		袖脾（夹下 1 寸）		腰耳（长×宽）
坐围		后领弯		袖口阔	12	搭位
脚围	96	领宽（骨对骨）		袖衩		拉链长
前胸宽						

过程二：结构设计

1. 利用模板设计框架（图2-2-16）

首先是根据款式造型设计胸省量。本款上装为合体造型，胸部需要一定的合体度，设计胸省量为2.5 cm。把余下的胸省量分散处理，一部分转移到前中，形成劈门量，使劈门量的大小控制在1～1.5 cm，另一部门转移到袖窿，形成袖窿松量。

后中缝在腰节处收掉2 cm，画顺后中弧线。

本款的胸围尺寸为92 cm，同模板的胸围尺寸。后中撇掉的量在侧缝补出来。

一般秋冬上衣的横开领为8.5 cm，在模板横开领基础上加大1 cm。后直开领在模板基础上相应降低，画顺后领圈弧线。

肩部结构设计。因为后片过肩胛骨附近有一条分割线，可以把1 cm肩省转移到分割线，剩下的肩省量在肩宽处去掉。如果面料的质地较松，可以把全部肩省量都转移到分割线里，在设计时灵活处理。

叠门2 cm。

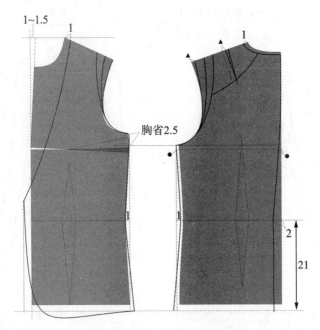

图2-2-16 模板设计框架

2. 衣身结构制图（图2-2-17）

（1）后片

● 后袖窿弧线。本款式的袖子造型较复杂，要做借肩处理。根据袖子造型，第一条分割线的距离设计为2 cm，第二条线的距离设计为2.5 cm。画顺袖窿弧线，并测量其长度。

● 侧缝线。腰节处收进1 cm，下摆放出0.5 cm，线条画顺。

● 分割线。在做结构设计时，要根据款式要求结合人体体型来确定分割线的位置和线条造型,没有固定的数据可以参考。
腰省大小通过计算为 3 cm。

（2）前片

● 前袖窿弧线。画法同后片。

● 侧缝线。腰节处收进 1 cm,下摆放
出 0.5 cm,线条画顺。

● 前中与下摆。根据款式造型,设计
驳点位置在腰节往上 3 cm 处。款
式中前中下摆为圆角设计,注意圆
角造型。

● 前领圈,连接侧颈点(SNP)和驳点,
根据造型画成弧线。

● 分割线。根据款式造型确定分割线
位置和造型,前腰省为 2.5 cm。

● 省道。袋口上方省道大小为1.2 cm,
省尖指向胸高点,腰节线以下省边
平行。

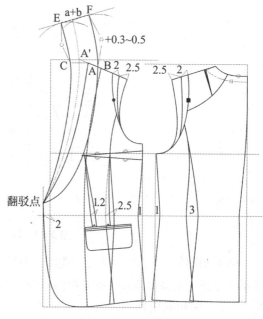

图 2 - 2 - 17　衣身结构制图

● 袋位。腰节线下 4 cm 为袋位,侧缝这边起翘 1 cm,基本保持和底摆斜度一致。袋
口 12.5 cm,袋盖宽 5 cm。

● 调整分割线造型,将前中袋口上的省道量补出。

（3）领子

● 翻折线为弧线的翻驳领可采用原身作图法设计(参照"弧线翻折线西装领结构设计"
第 55 页)。领座 a 为 3 cm,翻领 b 为 4.5 cm。

● 确定翻折线。在颈侧点离开 0.8a(2.4 cm)定点 A',和翻驳点连接,画成弧线。

● 过 A'点量取翻领高 b+0.2a(5.1 cm)在肩线上取 B 点。

● 绘制领型。在前衣身上过 B 点设计前领外轮廓造型,但不需复制至另侧。

● 按照翻折线把侧颈点 A 点对应至 C 点。弧线连接 C 点和翻驳点。

● 在后衣身上画出后领外弧形状,并测量长度。

● 以 C 点为圆心,后领弧长为半径画弧;以 B 点位圆心,后领外弧长(考虑加面料厚
度)为半径画弧,做两圆弧的切线,切点为 E、F 点。

● 连接 CE、BF。

● 修顺领子轮廓线,完成领子制图。

3. 袖子结构制图

袖子造型分析,如图 2 - 2 - 18 所示。与普通袖子的造型相比,本款上衣的袖山耸起,因
此袖山要抬高。

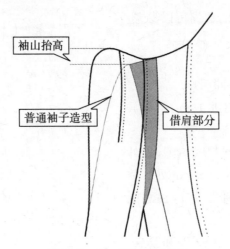

图 2 - 2 - 18　袖子造型分析

　　袖子制图如 2 - 2 - 19 所示。先做出袖山收省结构,此部分借肩 2.5 cm,因此在原身袖子基础上袖山抬高 2.5 cm,画顺袖山弧线。因为袖子耸起引起袖山高变化,设计袖山抬高量为 4.5 cm,画出袖山造型。

　　调整袖山外弧长度,使各部位结构吻合(参照第 58 页"合体袖的装饰性结构")。

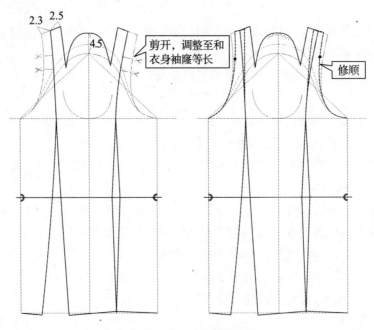

图 2 - 2 - 19　袖子制图

过程三:样板制作

1. 衣身样板制作(图 2 - 2 - 20)

前中片样板处理。先进行胸省转移,修顺分割线。后中放缝 1.5 cm,其余放缝 1 cm,贴边 4 cm。

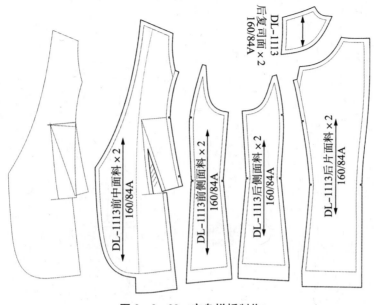

图 2 - 2 - 20 衣身样板制作

2. 袖子样板制作(图 2 - 2 - 21)

将袖底缝拼合做成小袖片。放缝 1 cm,袖口贴边 4 cm。为了区分前后偏袖线,在前偏袖线做一个刀眼,后偏袖线做两个刀眼。

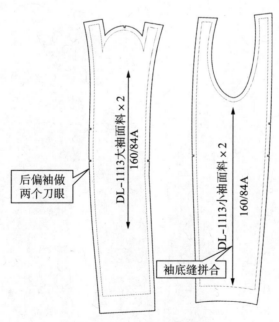

图 2 - 2 - 21 袖子样板制作

3. 部件样板制作(图 2 - 2 - 22)

挂面、领子、袋盖等在净样基础上放缝 1 cm。口袋嵌条长为袋口大加上 4 cm,宽度一般为 7 cm,双嵌线口袋如果用两根嵌线,其宽度一般为 4 cm。

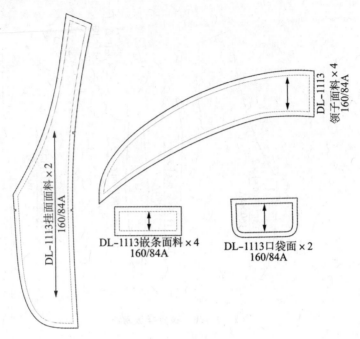

图 2-2-22　部件样板制作

4. 里布样板(图 2-2-23)

后中放缝 2.5 cm 至腰节线,其余各边放 0.2 cm 坐缝。下摆在净缝线基础上放 1 cm。

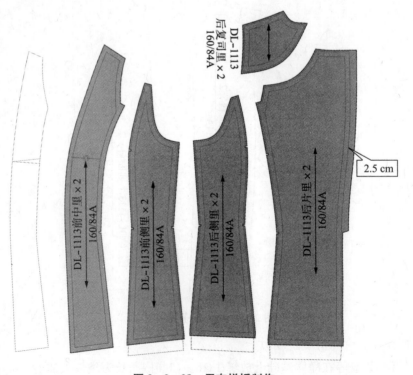

图 2-2-23　里布样板制作

5. 袖子里布样板(图 2-2-24)

袖山及内外袖缝线放 0.2 cm 坐缝,袖口在净样基础上放 1 cm。

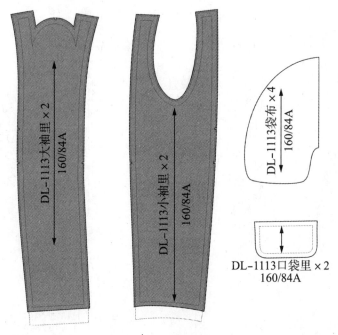

图 2-2-24　袖子里布样板制作

6. 黏衬样板(图 2-2-25)

女上装前中片一般整片黏衬,前侧片有时整片粘,有时为了使衣服做好后轻薄柔软,也可粘部分(一般粘至胸围线下 6~8 cm 左右),同时可选择质地轻薄柔软的黏衬。

后片和后侧片下摆黏衬宽 5 cm,肩部和袖窿处黏衬视面料和款式特点选择,有时可不粘,用牵条代替。

挂面、领面、领里、袋盖、嵌条需整片黏衬。

大小袖片的袖口黏衬同后片衣身下摆,宽度为 5 cm,大袖片的袖山黏衬视具体情况做选择,一般可不黏。

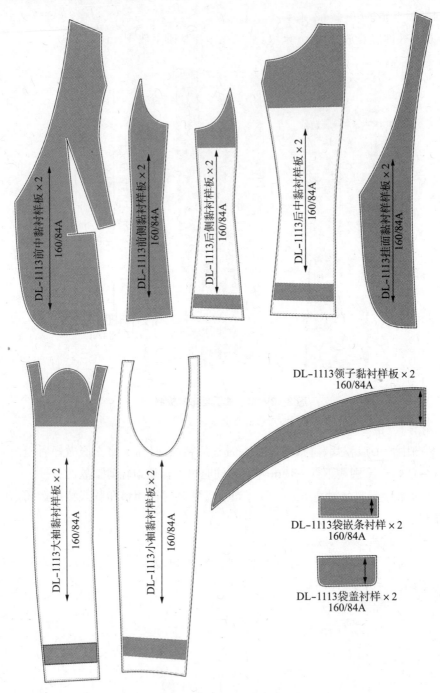

图 2 - 2 - 25　黏衬样板制作

过程四: 样衣制作

■ 排料与裁剪

1. 面料排料参考图,如图 2 - 2 - 26 所示。门幅 140 cm,对折排料。

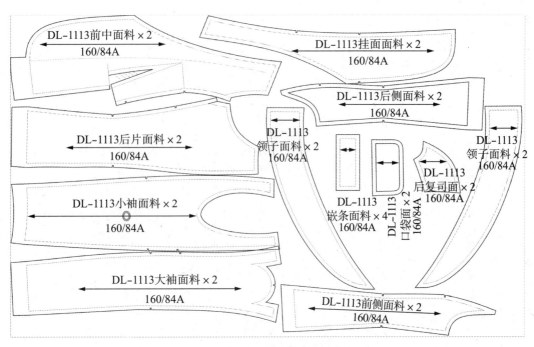

图 2-2-26　面料排料参考图

2. 里料排料参考图,如图 2-2-27 所示。门幅 140 cm,对折排料。

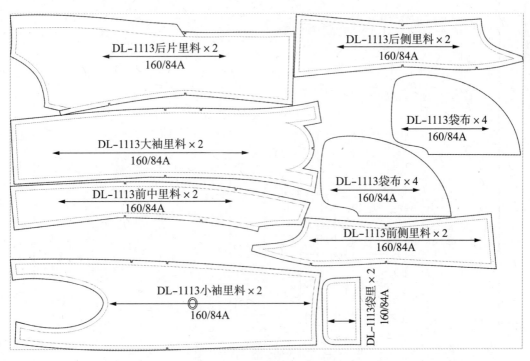

图 2-2-27　里料排料参考图

■ 生产工艺单编制

服装生产工艺单

难度等级：AS

客户：AS		组别：		
制单号：		纸样号：		
款式名称：翘肩女上衣		面料：		
			季节：秋季	
			款号：DL-1113	
			制单数：	
			款式图：	

规格表（度量单位：cm）

部位名称	尺　　　　　码		
	155/80A	160/84A	165/88A
衣长	57	59	61
胸围	88	92	96
腰围	70	74	78
摆围	92	96	100
肩宽	37	38	39
袖长	56.5	58	59.5
袖口	11.5	12	12.5
口袋长	12.5	13	13.5
袋盖宽	5	5	5
领座高	3	3	3
翻领高	4.5	4.5	4.5

特种设备：圆头锁眼机

辅助工具：

针类：11号　　针码：13针/3cm

对条对格要求：

唛头位置：

裁床注意事项：1. 裁片注意色差、色条，破损。
2. 纱向顺直，不允许有偏差。
3. 裁片准确，两层相符。
4. 刀口整齐，深0.5cm。

工　艺　编　制

黏衬位置：前中片、挂面、袖口、领面、领角、下摆、袋盖。

工艺要求：
前身：收省，省道剪开烫平，分割线缝头1cm，刀眼对齐，拼缝顺直。开袋袋角方正，袋盖窝服，袋口不起皱，左右袋对称，口袋嵌条大小均匀。门襟平挺，止口不反吐。
后身：后片各分片分割线拼缝1cm，拼缝顺直，分缝烫平，袖窿边缘烫荸条丝。
领子：按净缝线车缝领外口，缝头修成0.6cm，止口翻转烫平，要求领外口形状圆顺，领里和衣身进0.3cm。装领时领面和挂面拼合，领里修齐，要求刀眼对齐，左右对称，领面平整。
袖子：要求凸显立体感，装袖要圆顺，袖子前后要适宜，无下拉，衣身无吊紧。

工艺编制：　　　　　　　工艺审核：

编制日期：　　　　　　　审核日期：

■ 样衣制作

（一）缝制工艺流程

准备工作——前中片收省——缝合衣片面的前中片与前侧片、后中片与后侧片——缝制挖袋——缝制前门襟——拼合衣身面侧缝和肩缝——拼合衣身里布——面里拼合——做领——缝领——做袖——缝袖——整烫、锁钉。

（二）具体缝制工艺步骤及要求

1. 准备工作

（1）在正式缝制前需选用相应的针号和线，调整好底、面线的松紧度及线迹密度。

针号：11 号或 14 号。

用线与线迹密度：明线 14～16 针/3 cm，面、底线均用配色涤纶线。

（2）黏衬及修片

先将衣片与黏衬小烫固定。注意黏衬比裁片要略小 0.2 cm 左右，固定时不能改变布料的经纬向丝缕。

过黏合机后，摊平放凉，重新按裁剪样板修建裁片。

2. 前中片收省

沿前中片的门襟止口净线内侧、领圈净线内侧烫上 1 cm 宽的直丝牵条衬。如图 2-2-28 所示。

按照前中片样板画出前片省道位置，车缝省道。

把省道从中间剪开，分缝烫平，在省尖和袋位位置烫上黏衬。

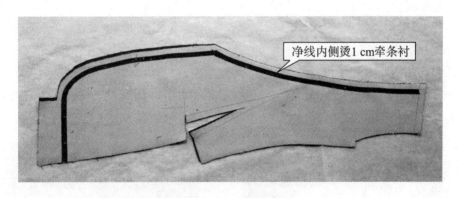

净线内侧烫1 cm牵条衬

图 2-2-28 前中片收省

3. 缝合衣片面的前中片与前侧片、后中片与后侧片

缝合前中片与前侧片，对准胸围线和腰节刀眼，缝份 1 cm，分缝烫平。在袖窿处沿布边烫上斜丝牵条衬，要求牵条稍拉紧。如图 2-2-29 所示。

缝合后中片与后育克，后中片和后侧片，对准胸围线和腰节刀眼，缝份 1 cm，分缝烫平。在袖窿处沿布边烫上斜丝牵条衬，要求牵条稍拉紧。如图 2-2-30 所示。

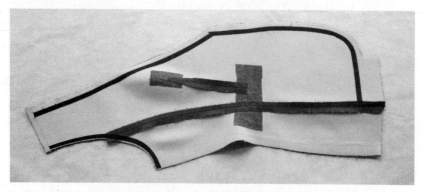

图 2 - 2 - 29　缝合前中片与前侧片

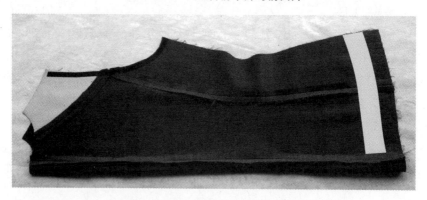

图 2 - 2 - 30　缝合后中片与后育克

4. 缝制挖袋

（1）先缝制袋盖

袋盖面采用面料，袋盖里采用里料，袋盖里烫上黏衬。面里袋盖的放缝分别为 0.7 cm 和 0.5 cm，用袋盖净样在袋盖里上画出净样线。

车缝袋盖两侧及圆角时，要求里布要紧，两角圆顺，窝势自然。将车缝后的三边缝头修剪到 0.6 cm，圆角处修剪到 0.3 cm，然后将缝份往里子一边烫到。将袋盖翻到正面进行熨烫。

（2）挖袋（图 2 - 2 - 31）

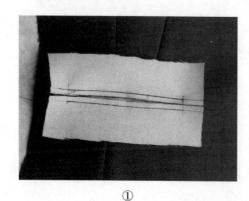

①

②

图 2 - 2 - 31　挖袋

先在嵌线布反面烫上黏合衬,然后画出嵌线的长度和宽度。在衣片正面袋位处缉缝嵌线布,两端回车固定,如图①所示。

将衣片袋位的两头剪成Y形,把嵌线布翻到反面,分缝烫开,整理嵌线布的宽度,注意上下嵌线宽窄一致。车缝袋口两端的三角,要四角方正。安装袋盖、缝制袋布。完成后将袋盖放入口袋,在嵌线上用手针固定。如图②所示。

5. 缝制前门襟

(1)车缝门襟止口,衣片下摆角部挂面稍紧,衣片稍松。如图2-2-32所示。

(2)修剪门襟止口缝份。修剪衣片缝份到0.8 cm左右,挂面缝份到0.4 cm左右。

(3)熨烫前门襟止口。门襟止口按要求烫出里外匀,不能有虚边。

挂面稍紧

图2-2-32　车缝门襟止口

6. 拼合衣身面侧缝和肩缝

(1)先缝合面布的前后侧缝,在腰节处进行拔烫,然后分缝烫开。

(2)再缝合面布的前后肩缝,分缝烫开。

7. 拼合衣身里布

(1)缝合时,缝份1 cm,缝合后按1.2 cm缝份折烫。

(2)后领贴烫黏衬,按照净样画出净缝线,缝合后领贴与后片里布。如图2-2-33所示。

图2-2-33　拼合衣身里布

8. 面里拼合

拼合挂面与里前片：对准腰节刀眼，缝合挂面与里前片，缝份 1 cm，在刀眼以上弧线部位里布可吃 0.3～0.5 cm，缝至距下摆 3 cm 止，缝份倒向侧缝方向。

缝合面布与里布的下摆：

(1) 缝份为 1 cm，需对齐各条拼缝。

(2) 手缝固定底摆贴边。用 0.7 cm/针的三角针，从左到右，线迹稍松。

(3) 熨烫底摆坐缝。摊平衣片，对齐衣片面、里的领线、袖窿线，里子长度的多余量放到底摆处烫平，里子底边一般距面子底边约 1 cm。

9. 做领

(1) 缝合领里与领面。对齐领里与领面的后中点，缝合领子的造型线，缝合时领面略松，领里略紧，从而做出合适的里外匀，外观自然平服。

(2) 修剪并翻烫领子。领面缝份修剪到 0.8 cm 左右，领里缝份修剪到 0.5 cm 左右，然后翻到正面，距领尖 3～4 cm 处车暗止口线后熨烫，注意止口线不能反吐。如图 2-2-34 所示。

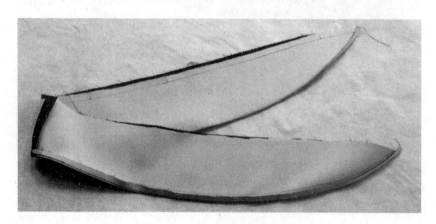

图 2-2-34　修剪并翻烫领子

10. 绱领

(1) 分别缝合领面与挂面。领里与衣片的领口线，缝份 1 cm，缝份分缝烫开。

(2) 固定领圈缝份。

11. 做袖

(1) 用划粉在袖山处画出净缝线，在转角处打上线钉。如图 2-2-35 所示。

(2) 拼合大、小袖片。缝合面子的外袖缝，至袖贴净线止，再分缝烫开。再拼合面子的内袖缝。缝合内袖缝至袖贴净样，分缝烫开。如图 2-2-36 所示。

(3) 拼合里袖内、外袖缝。大小修片正面相对，按 1 cm 车缝，再按净线（按 1.2 cm 扣烫）扣烫袖缝，袖缝倒向大袖片。

(4) 缝合袖里与袖贴的袖口缝。缝份 1 cm，缝至内袖缝净线。

(5) 缲缝固定袖口贴边。用 0.7 cm/针的三角针缲缝袖口贴边，线迹稍松，接着在内袖缝上用半回针固定袖里与袖贴，针距 2 cm/针，回 0.2 cm/针。

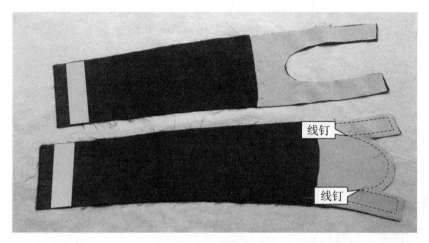

图 2-2-35 做袖步骤一

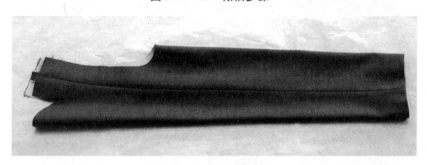

图 2-2-36 做袖步骤二

12. 绱袖

（1）抽吃势。抽缩袖山疏缝线的缝线，将袖子的吃势抽到合适的位置，注意吃势的分布规律。如图 2-2-37 所示。

图 2-2-37 抽吃势

图 2 - 2 - 38　试穿调整

（2）假缝绱袖。手缝固定袖子与袖窿：对准袖中点、袖底点或对位记号，假缝袖子与袖窿，缝份 0.8～0.9 cm，缝迹密度 0.3 cm/针。

（3）试穿调整。将假缝好的衣服套在人台上试穿，观察袖子的定位与吃势，进行适当的调整，要求两个袖子定位左右对称、吃势均匀。如图 2 - 2 - 38 所示。

（4）车缝绱袖。缝份 1 cm，倒向袖片。

五、任务反思

（一）学习反思

1. 你掌握了本次任务要求的知识和技能了吗？

2. 通过本次任务的学习，有哪些收获。

3. 在本次任务实施过程中，还存在哪些不足，将如何改进。

（二）拓展训练

按照提供的上衣款式图进行款式分析、结构设计、样板制作和样衣制作。

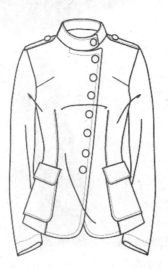
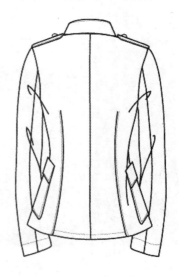

六、任务评价

评价指标	评价标准	评价依据	权重	得分
款式分析	A：款式图比例准确、造型美观；款式描述到位、详细；各部位规格制定合理。 B：款式图比例较准确；款式描述基本到位；各部位规格制定合理。 C：款式图比例不准确；款式描述不到位；各部位规格制定不够合理。	款式分析报告单 A：8～10 分 B：5～7 分 C：5 分以下	10	
结构设计	A：结构准确，细部规格设计合理，造型美观、线条流畅。 B：结构基本准确，细部规格设计基本合理，线条比较流畅。 C：结构不准确，细部规格设计不合理，线条不流畅。	结构制图 A：16～20 分 B：11～15 分 C：10 分以下	20	
样板制作	A：样板齐全，制作规范、标识齐全。 B：样板齐全，有 2 处以下制作错误、标识遗漏 5 处以下。 C：样板不齐全，多处制作错误、标识不齐全。	样板 A：12～15 分 B：8～11 分 C：7 分以下	15	
样衣制作	A：制作完整，成衣感强，外观平整、制作精良，细部处理合理。 B：制作完整，外观较平整、细部处理较合理。 C：制作不完整，外观不平整、细部处理不合理。	样衣 A：20～25 分 B：13～19 分 C：12 分以下	25	
职业素质	迟到早退一次扣 2 分，旷课一次扣 5 分，未按值日安排值日一次扣 3 分，人离机器、不关机器一次扣 3 分，将零食带进教室一次扣 2 分，不带工具和材料扣 5 分，不交作业一次扣 5 分。		30	
总分				

任务三　休闲夹克制版与工艺

一、任务目标

> 通过本项目学习,你应该:
>
> 1. 能根据休闲夹克的设计稿或款式图进行款式分析,并能描述款式特点;
>
> 2. 能根据分析结果制定夹克成衣规格;
>
> 3. 能根据款式图片或设计稿绘制正面和背面结构图;
>
> 4. 能根据款式特点选择结构设计方法并实施;
>
> 5. 能根据面料性能和工艺要求进行样板制作;
>
> 6. 能按照生产要求进行排料;
>
> 7. 能进行面、辅料裁剪;
>
> 8. 能进行休闲夹克工艺单编写;
>
> 9. 熟悉休闲夹克工艺制作流程;
>
> 10. 能进行夹克后整理操作。

二、任务描述

> 按照提供的休闲夹克款式图或设计稿进行款式分析,分析款式造型、面料特点、工艺方法等,在分析基础上制定成衣各部位规格;然后进行结构设计,要求体现款式特征,结构准确合理、造型比例恰当,线条流畅;在结构设计基础上进行符合企业生产标准的纸样制作,包括面料样板、里布样板、净样板等,要求制作规范、片数完整;根据完成的工业样板进行排料和裁剪,最后进行样衣制作,根据样衣试穿效果进行结构调整。

三、知识准备

(一) 女夹克的分类

夹克是户外服装的一种,据说最早是由第二次世界大战时美军陆战队的战服演变而来。夹克最初是作为工作服而出现的,其款式造型和结构特点是为了满足特定的工作需要而设计的。其造型一般为宽松的 O 型,衣摆和袖口束紧,口袋较多,袖子多为落肩或插肩袖型。随着现代生活节奏的不断加快,服装潮流也瞬息万变,人们逐渐热衷于把夹克作为日常服穿着。在当今社会,穿着夹克已作为一种流行,成为现代人们装扮的新观念,其款式和结构特点也变得多姿多彩,不再是单一的 O 型造型。不管夹克的造型如何变化,其整体设计必须轻便、灵活、自然、随意,所以在面料、颜色、图案的选择上是很多样化的。

女夹克的款式变化丰富,穿着场合与组合方式也比较随意。其分类方法主要有以下几种。

1. 按照夹克的胸围放松量的大小分类

（1）宽松型。胸围放松量为 30 cm 以上,结构平面、简洁。

（2）合体型。胸围放松量为 8～16 cm,结构上有一定立体感,分割线条较多,通常会采用公主线、省道来达到合体的效果。

（3）普通型。胸围放松量为 16～30 cm,这是夹克衫中最常用的尺寸。

2. 按夹克的用途分类

（1）工作服夹克。根据不同工种的功用来进行设计,能起到保暖、护体、整形等作用。

（2）时装类夹克。以休闲时尚为主题,款式上变化较大。

（二）夹克的基本构成

夹克的主要构成因素包括衣身、袖子和领子三大部分。这三个构成因素相互之间按一定比例关系和不同的形态组合构成各种各样的夹克款式。

1. 衣身

（1）长度

夹克的长度变化介于人体的腰部到大腿中部,具体长度可依据流行趋势而定。在纸样设计中,应注意无论衣长如何,其下摆的围度可根据款式特点和流行趋势决定,但最小极限应大于相应水平位置的人体围度。由此可见,衣长并不是固定的,属“变化因素”,是夹克分类的依据之一。

（2）廓形

夹克的廓形变化非常丰富。根据其外观造型可分为 O 型、T 型、H 型、X 型几种,其中 O 型是夹克的基本廓形。夹克的整体廓形风格是半合体型或宽松型的。

2. 袖子

夹克所采用的袖型结构非常丰富。可以是一片袖、两片袖,也可以是连身袖、插肩袖、半插肩袖以及其他各种变化袖型。

3. 领子

衣领是服装的重要部位。夹克的领型一般以立领、翻领、罗纹领居多。

（三）女夹克的面辅料知识

女夹克的穿着季节较长,场合较多,面料可根据用途、季节以及款式设计与流行元素来选择。可用面料种类繁多,从天然的棉、麻、丝、毛到化学纤维或合成纤维,都可以运用于不同款式的夹克之中。

1. 女夹克的面料

秋冬的夹克大多选用华达呢、啥味呢、薄毛呢、驼丝锦、海力蒙、哔叽、法兰绒、天鹅绒、灯芯绒、牛仔布、皮革等来制作。

2. 女夹克的辅料

（1）女夹克的里料

女夹克使用里料可方便穿脱、增厚保暖、强化面料风格、掩饰面布里侧缝份。女夹克里料常选用棉型细纺、美丽绸、电力纺、涤丝纺、羽纱等。

（2）女夹克的衬料

女夹克衬料的作用是使面料的造型能力增强，增厚面料，并且能改善面料的可缝性。女夹克衬料常选用黏合衬、布衬、毛衬等。

（3）其他辅料

女夹克还会常用到各类纽扣、拉链、扣襻等辅料。

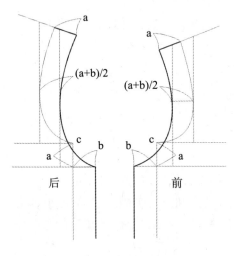

图 2 - 3 - 1　落肩袖结构设计

（四）落肩袖的结构设计

1. 落肩袖结构设计变化规律

在基础纸样上，顺势加宽前后小肩的长度至设计的落肩位置。然后将前胸宽、后背宽、前袖隆深、后袖隆深都降低与之相同的量，重新画袖隆弧线。此变化的一般规律：当 B 放松量≤25 cm 时，可直接运用此法。当 B 放松量≥25 cm 时，因为宽松型衣服放松量至 30 为极限，所以胸围的增加量应适当的减小，前胸宽和后背宽也相应减少。此时，前胸宽、后背宽增加的量＝(a＋b)/2，如图 2 - 3 - 1 所示。（注：当 B 放松量≤25 cm 时，亦可运用此法。）

从图 2 - 3 - 2 中我们可以看出，袖隆形状和尺寸只是纵向增加，且宽度基本不变，这就是落肩袖结构的关键。

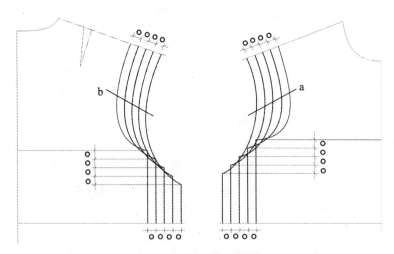

图 2 - 3 - 2　落肩袖结构设计

2. 落肩袖的作图

(1) 直接在衣片上进行制图

这种方法可直观地体现出袖子跟衣片的关系。开落的量可根据需要,一般取 2～10 cm。开落越大,手臂处就越宽松,但抬手越困难。如图 2-3-3 所示,利用袖下重叠量(图中阴影部分)补充抬手所需的量。而重叠量的大小又与袖子的袖山高有关,袖山高越小即袖子活动性能越好。

作图方法如下:袖山高为 4 cm,落肩量为 6 cm。若要取得更大的活动量,则减小袖山高,甚至为 0。而落肩袖的落肩量也可根据需要取值,一般为 4～8 cm。注:画后 AH 时,不要重叠衣片和袖片,而在画前 AH 时,需要重叠 0.7 cm,以符合手臂向前运动的方向性。若将前后袖中线拼合,则得到一片落肩袖结构图。

(2) 直接画袖片

方法同上,开落衣片的前后 AH 并分别量取,取袖山高为 4 cm,然后分别用前 AH-0.7 cm 和后 AH-0.5 cm 决定前后袖山斜线长,即确定了袖肥。再将前袖山弧线略弯,后袖山弧线较为平缓的画顺,则完成落肩袖的结构制图,如图 2-3-4 所示。

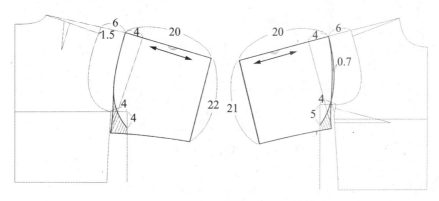

图 2-3-3　利用袖下重叠量补充抬手所需的量

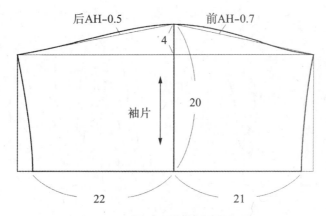

图 2-3-4　完成后落肩袖的结构制图

（五）口袋变化结构设计

夹克最常用的口袋有明贴袋、插袋等，还常用立体袋、袋中袋、拉链袋等。

抽摺变化口袋与立体袋的结构设计方法，如图 2-3-5 所示。

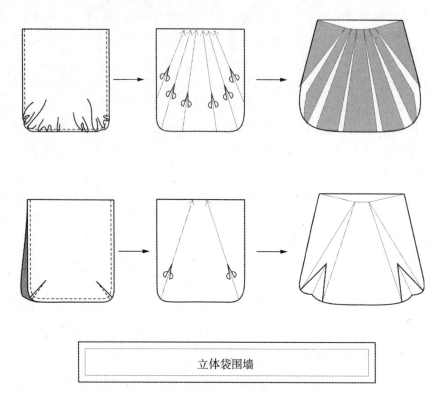

立体袋围墙

图 2-3-5　口袋变化结构设计

四、任务实施

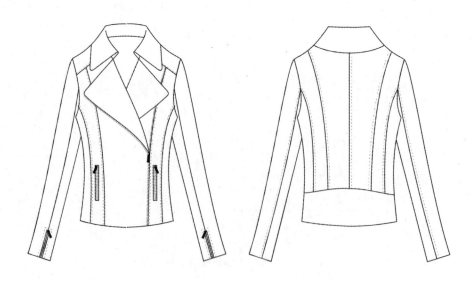

过程一：款式分析

1. 款式外观

本款为军装风格休闲夹克外套,拉链是本款重要的设计元素,门襟、袖衩、口袋等多处采用拉链设计,体现了朋克、摇滚的风格,同时其修身、精致的裁剪又体现了女性的妩媚,将妩媚和俊朗很好地融合在一起,展示出军装的气势和女性的柔美。本款是此类风格夹克具有代表性的款式。

本款属于合体型夹克,衣长在臀围线以上,造型上有一定立体感,采用分割线来达到合体的效果。前片肩部育克分割,门襟双排扣造型,止口采用拉链设计,拉链另一边装在前中分割线上,在中间的分割片上设两个口袋,袋口装拉链。后片多片分割,在腰部下横向断开后为整片结构。领子为翻领,领面较宽。袖子为两片袖结构,在前偏袖线的袖口处开衩,装拉链。

2. 尺寸分析

以国家服装号型规格 160/84A 的人体各数值为依据。

(1) 衣长

衣长在腰节下 15 cm 左右,加上 1～2 cm 的调节值,那么衣长尺寸为:38(后腰节长)＋15＋1＝54 cm。

(2) 胸围:合体夹克的胸围放松量一般为 10 cm,成衣胸围尺寸 94 cm。

(3) 肩宽:肩宽尺寸与人体肩宽一致,为 38 cm。

(4) 袖长:人体肩端点至腕关节的长度为 51 cm,袖长至腕关节下 7 cm 处,袖长尺寸为:51＋6＝58 cm。

(5) 腰围:A 体型的胸腰差为 14～18 cm,为突出合体服装的收腰效果,本款胸腰差设计为 16 cm,腰围尺寸为:94－16＝78 cm。

(6) 臀围:夹克的下摆比较合体,臀围松量 6 cm,臀围尺寸为:90＋6＝96 cm。

(7) 领座高:3.5 cm。

(8) 翻领高:观察款式领子造型,设计翻领高为 8.5 cm。

(9) 袖口大:最小尺寸为掌围,根据对款式的理解设计,本款取 12 cm。

(10) 其余细部尺寸根据造型设计。

3. 办单图填写

办单图(尺寸表)		
品牌:AS	季节:秋装	日期:
设计师:	款号:DL－1114	布料:

办单图（尺寸表）

款式图

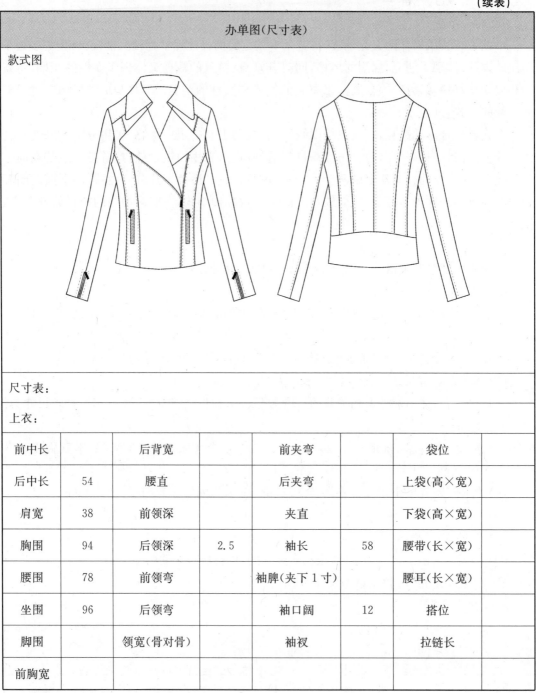

尺寸表：

上衣：

前中长		后背宽		前夹弯		袋位	
后中长	54	腰直		后夹弯		上袋（高×宽）	
肩宽	38	前领深		夹直		下袋（高×宽）	
胸围	94	后领深	2.5	袖长	58	腰带（长×宽）	
腰围	78	前领弯		袖脾（夹下1寸）		腰耳（长×宽）	
坐围	96	后领弯		袖口阔	12	搭位	
脚围		领宽（骨对骨）		袖衩		拉链长	
前胸宽							

过程二：结构设计

1. 使用模板进行框架设计（图 2-3-6）

胸省量设计。本款上装为合体造型，胸部需要一定的合体度，设计胸省量为 2.5 cm。把余下的胸省量转移到袖窿，形成袖窿松量。

后中缝在腰节处收掉 1.5 cm，画顺后中弧线。

本款的胸围尺寸为 94 cm，在模板基础上加放 0.5 cm。

袖窿深在模板基础上开深 0.5 cm。

一般秋冬上衣常用领型的后横开领为 8.5 cm，在模板横开领基础上加大 1 cm。后直开领在模板基础上相应降低，画顺后领圈弧线。

肩部结构设计。因为后片过肩缝有一条分割线，可以把 1 cm 肩省转移到分割线，剩下的肩省量在肩宽处去掉。

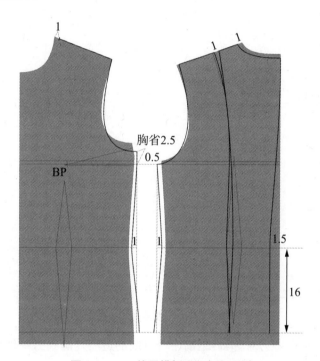

图 2－3－6　使用模板进行框架设计

2. 衣身结构设计（图 2－3－7）

（1）后片

● 侧缝线。腰节处收进 1 cm，线条画顺。

● 分割线。后片共有两条分割线，因此收腰的量可以分到两条分割线中。根据计算，后腰省大 2.5 cm，靠近后中的一条分割线腰省收 1.3 cm，另一条分割线腰省收 1.2 cm。

● 腰下横向分割。根据款式要求，后中取 12 cm，侧缝取 10 cm，弧线连顺。

（2）前片

● 侧缝线。腰节处收进 1 cm，线条画顺。

● 前育克。距离肩缝 5 cm，画平行线。

● 分割线。前片共有两条分割线，前腰省大 2.5 cm，靠近前中的一条分割线腰省收 1.5 m，另一条分割线腰省收 1 cm。

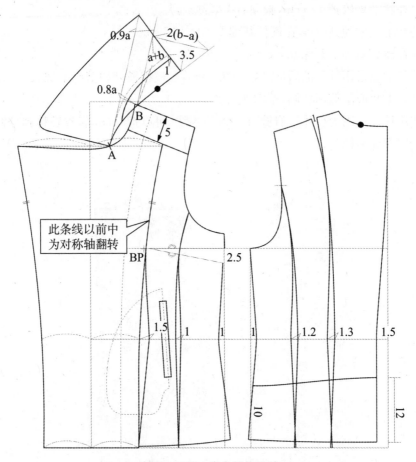

图 2-3-7　衣身结构设计

- 前止口线。以前中为对称轴,把前中分割线的造型复制到另一侧。注意:此条线曲率不宜太大,宽度要符合款式要求,造型美观。

- 袋位。根据款式造型比例确定袋位,袋长 13 cm。

（3）领子

设计领座高(a)为 3.5 cm,翻领高(b)为 8.5 cm。领子制图步骤如下:

- 确定翻折线。按照款式确定装领点 A,从侧颈点量取 0.8a(2.8 cm),与 A 点连接。

- 距离翻折线 0.9a(3.2 cm)画平行线,交肩线于 B 点。

- 在平行线上量取 a+b(12 cm)定点,过该点画平行线的垂线,在垂线上取 2(b−a)(10 cm)定点,过该点与 B 点连接,在该线上量取后领圈弧长。

- 做垂线,为领子后中线,在后中线上取 a+b(12 cm),画出领子造型。

- 距离翻折线 1 cm 做领脚分割。

3. 袖子结构设计

袖子采用在衣身袖窿上制图的方法,如图 2-3-8 所示。袖口拉链长 12 cm。

过程三：样板制作

1. 衣身样板(图 2-3-9)

前片、后片下摆省道合并修顺。

因为本款分割线上缉明线,放缝要根据缉线宽度。因为缉线宽度为 0.6 cm,放缝一般为 1 cm。

下摆贴边 4 cm。

腰节和胸围处做刀眼记号。

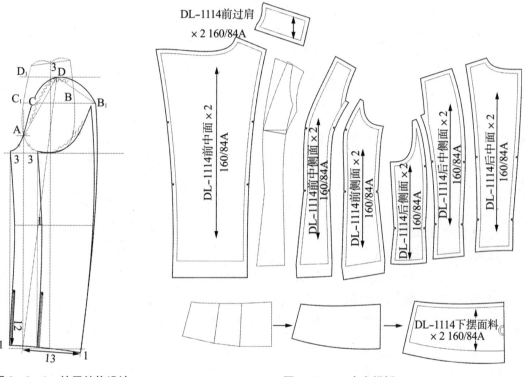

图 2-3-8　袖子结构设计　　　　　图 2-3-9　衣身样板

2. 袖子样板(图 2-3-10)

袖山弧线、内外袖缝放缝 1 cm,袖口贴边宽 4 cm。

由于袖口拉链为露齿装,拉链宽为 1.2 cm,因此袖口拉链处每边要去掉 0.6 cm。

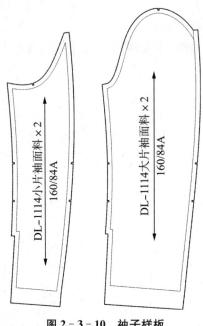

图 2-3-10　袖子样板

3. 挂面和领子样板

挂面在净样基础上放缝 1 cm。

为了使领子穿着更加服帖,领子做挖领脚处理,如图 2-3-11 所示。距离翻折线 1 cm 做领脚分割线(图①),做 3 条领脚线的垂线,折叠 0.4～0.6 cm(图②),折叠后修顺,领面外围线根据面料厚度放入0.2～0.4 cm(图③),放缝时领子和领脚拼接处放缝 0.6 cm,其余放缝 1 cm(图④)。

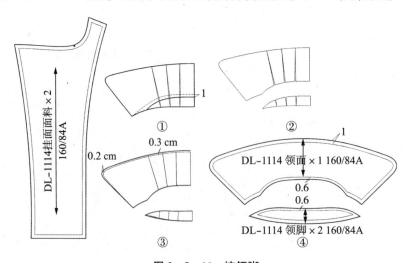

图 2-3-11　挖领脚

4. 里布样板(图2-3-12)

前片里布不用育克分割,里布样板把育克和衣身合并。

各拼缝放入0.2 cm坐缝。下摆在净样基础上放1 cm。

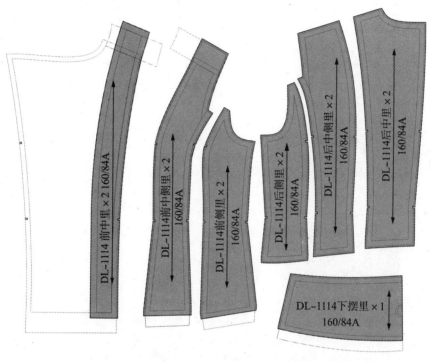

图2-3-12 里布样板

5. 袖子里布样板(图2-3-13)

大袖片在袖山加放0.3 cm。

大小袖片在外侧袖缝处抬高1 cm,内袖缝处抬高1.5 cm,内外袖缝均放0.2 cm坐缝。

袖口在净样基础上放1 cm。

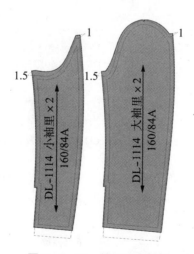

图2-3-13 袖子里布样板

6. 黏衬样板(图2-3-14)

夹克是比较休闲的款式,适合日常休闲穿着,因此不必做得很挺括,在黏衬上使用也比较少。在前中片、挂面、前育克、领子、领脚及袖口等处黏衬。

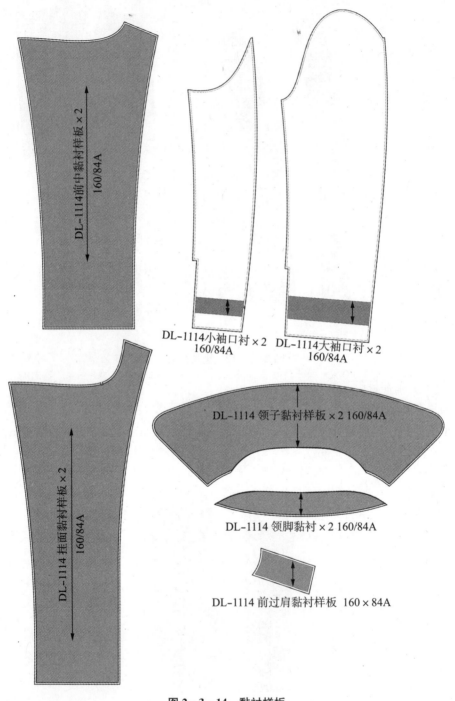

DL-1114前中黏衬样板×2
160/84A

DL-1114小袖口衬×2
160/84A

DL-1114大袖口衬×2
160/84A

DL-1114领子黏衬样板×2 160/84A

DL-1114领脚黏衬×2 160/84A

DL-1114挂面黏衬样板×2
160/84A

DL-1114前过肩黏衬样板 160×84A

图2-3-14 黏衬样板

过程四：样衣制作

■ 排料与裁剪

1. 面辅料裁剪

（1）面料排料参考图，如图 2－3－15 所示。门幅 140 cm，对折排料。

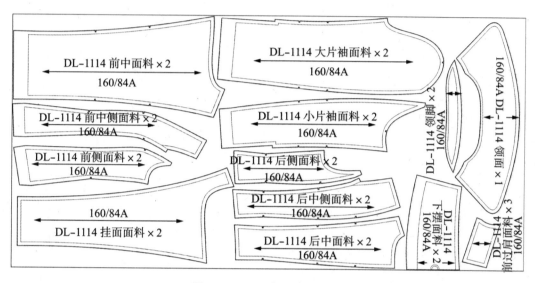

图 2－3－15　面料排料参考图

（2）里料排料参考图，如图 2－3－16 所示。门幅 140 cm，对折排料。

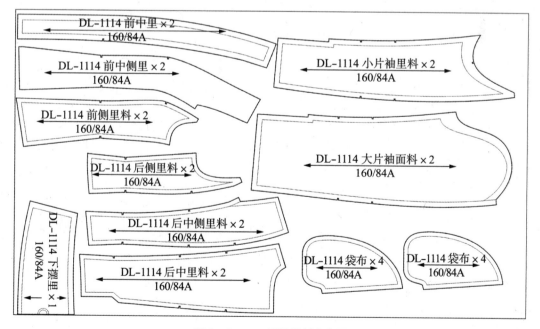

图 2－3－16　里料排料参考图

■ 生产工艺单编制

服装生产工艺单

难度等级

客户：AS	组别：	季节：秋季
制单号：	纸样号：	款号：DL1114
款式名称：休闲夹克	面料：	制单数：

规格表（度量单位：cm）　款式图：

尺码 部位名称	155/80A	160/84A	165/88A
衣长	52	54	56
胸围	90	94	98
腰围	74	78	82
摆围	92	96	100
肩宽	37	38	39
袖长	56.5	58	59.5
袖口	11.5	12	12.5
口袋长	12.5	13	13.5
领座高	3.5	3.5	3.5
翻领高	8.5	8.5	8.5

工 艺 编 制

裁床注意事项：
1. 裁片注意色差、色条、破损。
2. 纱向顺直，不允许有偏差。
3. 裁片准确，两层相符。
4. 刀口整齐，深0.5cm。

粘衬位置：前中片、挂面、袖口、领面、领脚。

工艺要求：

前身：分割线拼缝顺直。左片前中分割线夹入拉链，拉链头离底边5cm。右门襟止口夹入拉链，拉链距底边0.6cm明线。拉链开袋四角方正，拉链距边宽窄一致，四周缉0.1cm明线。

后身：拼缝顺直。刀眼对齐，正面缉0.6cm明线。要求线迹松紧适宜，缉线宽窄均匀。

领子：按净样车缝领外口弧线，修剪头至0.6cm，翻转后缉0.1cm明线，翻转处领里领角暗止口。装领要求三刀眼对准，左右对称。

袖子：前袖缝线袖口开衩，衩宽2cm，三边缉0.1cm明线，要求转角方正，衩位平服，装袖圆顺，袖山无细褶，吃势均匀。

特种设备：

辅助工具：

针类：11号　　针码：13针/3cm

对条对格要求：

嗳头位置：

工艺编制：　　　编制日期：

工艺审核：　　　审核日期：

五、任务反思

（一）学习反思

1. 你掌握了本次任务要求的知识和技能了吗？

2. 通过本次任务的学习，有哪些收获。

3. 在本次任务实施过程中，还存在哪些不足，将如何改进。

（二）拓展训练

按照提供的夹克款式图进行款式分析、结构设计、样板制作和样衣制作。

六、任务评价

评价指标	评价标准	评价依据	权重	得分
款式分析	A：款式图比例准确、造型美观；款式描述到位、详细；各部位规格制定合理。 B：款式图比例较准确；款式描述基本到位；各部位规格制定合理。 C：款式图比例不准确；款式描述不到位；各部位规格制定不够合理。	款式分析报告单 A：8～10分 B：5～7分 C：5分以下	10	
结构设计	A：结构准确，细部规格设计合理，造型美观、线条流畅。 B：结构基本准确，细部规格设计基本合理，线条比较流畅。 C：结构不准确，细部规格设计不合理，线条不流畅。	结构制图 A：16～20分 B：11～15分 C：10分以下	20	
样板制作	A：样板齐全，制作规范、标识齐全。 B：样板齐全，有2处以下制作错误、标识遗漏5处以下。 C：样板不齐全，多处制作错误、标识不齐全。	样板 A：12～15分 B：8～11分 C：7分以下	15	
样衣制作	A：制作完整，成衣感强，外观平整、制作精良，细部处理合理。 B：制作完整，外观较平整、细部处理较合理。 C：制作不完整，外观不平整、细部处理不合理。	样衣 A：20～25分 B：13～19分 C：12分以下	25	
职业素质	迟到早退一次扣2分，旷课一次扣5分，未按值日安排值日一次扣3分，人离机器、不关机器一次扣3分，将零食带进教室一次扣2分，不带工具和材料扣5分，不交作业一次扣5分。		30	
总分				

项目三　秋冬女风衣制版与工艺

任务一　立翻领合体女风衣制版与工艺

一、任务目标

通过本项目学习,你应该:

1. 了解风衣的结构特点和常用面辅料;

2. 能根据女风衣的设计稿或款式图进行款式分析,并能描述款式特点;

3. 能根据分析结果制定成衣规格;

4. 能根据款式图或设计稿绘制正面和背面结构图;

5. 能根据款式特点选择结构设计方法并实施;

6. 能根据面料性能和工艺要求进行样板制作;

7. 能按照生产要求进行排料;

8. 能进行面、辅料裁剪;

9. 能进行女风衣工艺单编写;

10. 熟悉风衣工艺制作流程;

11. 能进行后整理操作;

12. 养成对高品质服装执著追求的职业素质。

二、任务描述

按照提供的休闲女上装款式图或设计稿进行款式分析,分析款式造型、面料特点、工艺方法等,在分析基础上制定成衣各部位规格;然后进行结构设计,要求体现款式特征,结构准确合理、造型比例恰当,线条流畅;在结构设计基础上进行符合企业生产标准的纸样制作,包括面料样板、里布样板、净样板等,要求制作规范,片数完整;根据完成的工业样板进行排料和裁剪,最后进行样衣制作,根据样衣试穿效果进行结构调整。

三、知识准备

（一）风衣的历史变迁

风衣是西方服饰文化的产物，原始雏形是公元1 000年前古希腊的"柯拉米斯"式样。这是一种男用的小斗篷，其实就是一块5英尺长、3英尺宽的羊毛织物，往身上交叉一搭，可以随意地露出左肩右肩，方便男士外出旅行或骑马打仗时遮风挡雨，既实用又易制作。

到了中世纪后的文艺复兴时期，对禁欲厌烦透顶的人们开始强烈地想表现性别特征，男性开始追求高大魁梧的形象，于是出现一种简洁宽松的短外套，半圆形小披肩出现了，其主要功能仍是防风挡雨。

当历史的车轮转到20世纪时，风衣的鼎盛时期来到了，经过化学制剂处理的棉布和尼龙布，以及用合成橡胶的面料制成的防雨布，取代了呢绒等厚重面料，促成了风衣作为一种服装门类与大衣分离，各种式样优雅的风衣使人们在坏天气里不会太狼狈。

接下来的两次世界大战更是将风衣推向世界各地。一战中，当时的英国陆军经常在雨中进行艰苦的堑壕战，如果穿着单纯的雨衣，势必会影响部队的行军作战，而不穿雨衣，虽说动作方便，但雨水易使士兵的衣服湿透，很容易使士兵们受冻生病，从而影响部队战斗力。于是在这种情况下，英国著名的衣料商托马斯·巴尔巴尼通过反复的研究实验，终于设计成功了一种堑壕用放水风衣。

托马斯·巴尔巴尼设计的防水风衣，面料采用一种细密的棉织物，款式为双排扣、有腰带，领子能开能关、插肩袖、有肩章、在胸部和背上有遮盖布，有防风、防雨和耐脏等实用功能，下摆较大，便于动作。这是风衣最初的设计，它拥有无与伦比的仿生性和功能性，作为作战服装，它的每一个设计细节都具有实用功能。

1. 肩袢，为固定武器所设，也可以用来固定任何可以斜跨的东西。

2. 袖袢、袖带，为防风雨保暖而设，密不透风地包扎得像个粽子，很暖和。

3. 肩搭布，单设的肩搭布一般都设在右边，与男士的左搭门形成一个完整的重叠，避免风雨的侵袭。

4. 后披肩，这种悬空的设计，使雨水不能很快渗入，也是一种仿生设计。

（二）风衣的外轮廓

风衣的外形设计越来越趋于简练，通过改变肩、胸、腰、臀、底摆的围度，从而产生外形的变化。

1. A型

以紧身上衣为基础，用各种方法放宽下摆，形成上小下大的外形轮廓，给人华丽、飘逸的视觉感受。

2. Y型

强调或夸大肩部设计，形成上大下小的外形轮廓。Y型多用于男装，强调肩、胸的宽度和厚度，可充分显示男人的威武、健壮、精干的气质特征。在服装中性化的浪潮中，夸张肩部的Y型设计也成为流行女装的常用手法之一。同时，Y型服装对平胸、溜肩等体型特点有弥补和改良的作用。

3. X 型

X 型是 A 型和 Y 型的综合,通过肩部和衣裙下摆做横向的夸张、腰部收紧,使整体外型呈上下部分宽松夸大、中间小的造型。X 型与女性身材的优美曲线相吻合,可充分展示和强调女性魅力,显得美丽而活泼。

4. H 型

用直线构成矩形轮廓,遮盖了胸、腰、臀等部位的曲线,它能使服装与人体之间产生空间,在运动中隐见体型,呈现轻松飘逸的动态美,舒适而随意。H 型风衣可遮盖很多体型上的缺点,并体现出多种风格。

5. O 型

窄肩及下摆口收紧,使躯体部分的外轮廓出现不同弯度的弧线,呈灯笼状,显得相当活泼,很有趣味。

(三)风衣面料的选择

1. 一般风衣面料的选择

一般风衣主要用于防风沙、防透风性和防透水性,因此,要求面料有较强的防透水性和透风性。主要选用防雨卡其、防雨府绸、防雨涤棉卡其、防雨涤棉府绸。它们是将染色后的全棉或涤棉卡其、府绸经过特殊处理,使其表面有持久的不透水性能,但同时又保持原有的透气性,穿着舒适。一般风衣的面料还可选用厚质尼龙。

2. 装饰性风衣面料的选择

从增强装饰性考虑,风衣面料可以选用华达呢、毛哔叽、啥味呢等精纺呢绒,这些织物呢面光洁、细润,手感滑挺,身骨结实,富有弹性,属于比较高档的面料。这类风衣还可以选用涤棉克罗丁、针织纯涤纶、色织中长花呢、中长板司呢等面料。

(四)常见的风衣变化

设计师或者改变整体外轮廓造型,或者运用设计加减法增添更显女性气质的元素,或除去较为硬朗的直线条,或者在领型、袖型、腰带等局部进行设计,以丰富款式的变化。

1. 领型的变化是改变风衣轮廓的关键,领子往往是人们视线比较集中的部位,是视线焦点的 V 字区,所以领型对服装外型的美观影响很大,甚至直接决定一件衣服的成败。风衣领型大体可以归纳为五类,即立领、企领、扁领和翻驳领以及无领的领线设计。不同的领型有着不同的造型特征,有的庄重俏丽,有的严谨稳重,有的活泼可爱,有的妩媚性感。

2. 袖长的尺寸变化。时尚风衣的袖长多选择七分袖、五分袖,短短的袖子体现出风衣袖口处的多层次感,有的袖子外侧多加了一个扣带,袖子可以回卷成为半袖,大风天气又可以把袖子放下,实用又显个性。

3. 丰富褶皱的设计。过去在领、袖、腰、底摆处常常采用绣、镶、滚的工艺手法,然而现在很少使用。现在这些细节处大量使用抽摺、褶裥等不同形式的褶皱来起到装饰作用。

4. 几何图案的运用。风衣最不同于大衣的地方当属面料的特殊性,现代风衣不仅拥有特殊的工艺防风雨,而且善于采用一些经典的方格图案,形成丰富多彩的现代特色。

（五）拿破仑式风衣领

拿破仑式风衣领是经典传统领型，如图3-1-1①所示。虽然可以对其进行时装化的设计，以此改变它的形状和尺寸，但就其结构而言，始终保持其独有的特征。

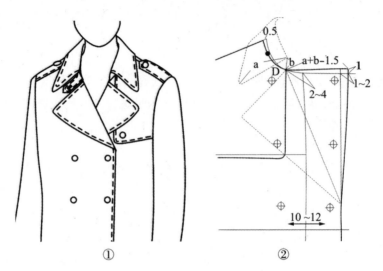

图3-1-1　拿破仑式风衣领型特征

此种领型的款式设计与结构设计是相互制约的。因此在结构设计时，要全面考虑综合因素以达到设计效果。

双排扣横向扣距的确定。横向扣距影响驳头嘴的宽度，即图3-1-1②中a＋b－1.5 cm的宽度。同时翻折线与领窝线的交点（D点）至前中心的距离也影响驳头嘴的宽度。另一方面止口线应该接近直线，由翻折线下止点至驳头上端可以向外1～2 cm。上述三个条件互相影响，在设计时应综合考虑。一般横向扣距在10～12 cm。

翻领与领座的结构。与男士衬衫领类似，可以通过立裁方法或平面方法制图。参考尺寸见图3-1-2。

翻领与领座的制作工艺。有两种形式：一种是领面、领底，领面座、领底座都采用图①的结构形式。另一种是领底、领底座采用图①的结构形式，领面、领面座采用图②的结构形式。后者是比较经典的制作工艺形式。

此类版型一般采用两面构成，因此前中心线撇胸，所以翻折线下止点以上的扣子横向距离是由下而上逐渐加宽的。

（六）衣身领圈制图法（意大利）

翻领、翻驳领等领型可以采用在前后衣身领圈上制图的方法。

如图3-1-3①所示，前后衣身的侧颈点对合，两条肩线之间形成夹角a，夹角越大，领外弧越长，领座越低，夹角越小，领外弧越短，领座越高，领子越会立起来。基本角度在120°左右。

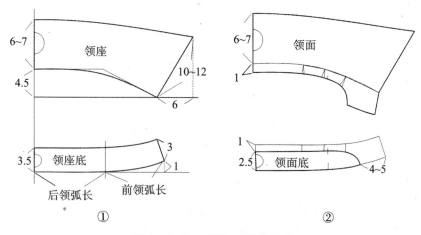

图 3-1-2 翻领与领座的结构

离开后中点 1 cm,画顺领圈弧线,根据款式画出领子造型。如图 3-1-3②所示。

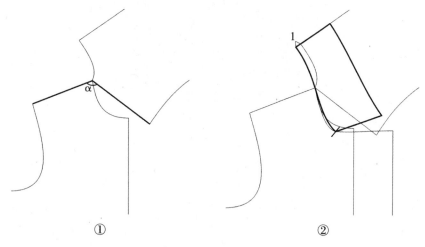

图 3-1-3 衣身领圈制图法

四、任务实施

过程一:款式分析

1. 款式外观

本款为经典巴宝莉(Burberry)女风衣,具备了风衣最常见的设计元素,如前肩搭布、后披肩、双排扣、肩襻、袖襻、立翻领、腰带、后开衩等。

本款风衣属较合体造型,衣长在膝盖以上,前后公主线分割,双排扣,横向纽扣间距在 12 cm 左右,左前肩有一块肩搭布,用纽扣固定。前身在侧片有两个挖袋,袋嵌条中间锁眼钉扣。后片肩部有披肩,里层用里布制作,后中下开衩。肩部左右有肩襻,用纽扣固定。袖子为两片袖结构,袖口设袖襻,抽紧后可以起保暖作用。领子为立翻领,领子造型比较贴紧脖子,领座前中用风纪扣。

2. 尺寸设计

以国家服装号型规格 160/84A 的人体各位数值为依据。

（1）衣长

本款为中长风衣，如图 3-1-4 所示。衣长在大腿中部，膝盖上 18 cm 左右，衣长为：38+56.5-18=77 cm，加上 1 cm 的调节量，成衣衣长尺寸为 78 cm。

（2）胸围：风衣是穿在西装外面的服装，胸围松量14 cm，成衣胸围尺寸为 98 cm。

（3）肩宽：在人体肩宽尺寸上加 2 cm，为 40 cm。

（4）袖长：风衣袖子较长，袖长尺寸为 59 cm。

（5）腰围：胸腰差为 16 cm，腰围尺寸：98-16=82 cm。

（6）领座高：4 cm。

（7）翻领高：6 cm。

（8）后横开领：比女西装略大，为 9 cm。

（9）口袋长：15 cm。

（10）袖口阔：风衣的袖口一般比较大，本款取 13 cm。

（11）其余细部尺寸根据造型设计。

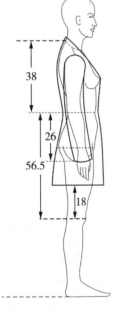

图 3-1-4
中长风衣各部位数据图

3. 办单图填写

办单图(尺寸表)

品牌：AS	季节：秋装	日期：6/2011
设计师：	款号：DL－1111	布料：

款式图

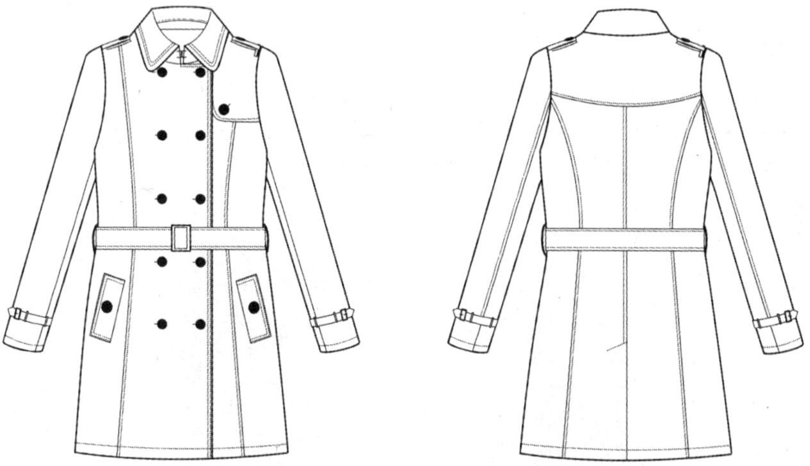

尺寸表：

上衣：

前中长		后背宽		前夹弯		袋位	
后中长	78	腰直		后夹弯		上袋(高×宽)	4×15
肩宽	40	前领深		夹直		下袋(高×宽)	
胸围	98	后领深	2.5	袖长	59	腰带(长×宽)	
腰围	82	前领弯		袖脾(夹下1寸)		腰耳(长×宽)	
坐围		后领弯		袖口阔	13	搭位	
脚围		领宽(骨对骨)		袖衩		拉链长	
前胸宽							

过程二：结构设计

1. 使用模板进行框架设计(图3-1-5)

胸省量设计。风衣作为外套,与人体的贴合度不是很高,设计胸省量为2 cm。把余下胸省量部分转移至前中,形成劈门,大小约为1～1.2 cm,部分转移到袖窿,形成袖窿松量。

后中缝在腰节处收掉1.5 cm,画顺后中弧线。

本款的胸围尺寸为98 cm,前后胸围各为24.5 cm。

袖窿深在模板基础上开深1 cm。

后横开领为9 cm,在模板横开领基础上加大1.5 cm。后直开领在模板基础上相应降低1 cm,画顺后领圈弧线。

肩部结构设计。因为后肩省无处转移,风衣面料也不能有太多吃势,肩省直接去掉。从后中量取肩宽/2(20 cm)至肩端点。肩端点抬高0.5 cm。

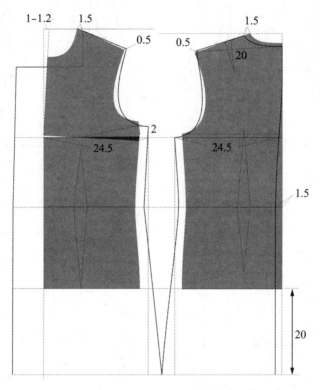

图3-1-5　使用模板进行框架设计

2. 衣身结构设计(图3-1-6)

(1) 后片

● 分割线。根据计算,后腰省大3 cm,分割线的位置和造型根据款式要求,不要太靠近后中线,线条造型弧度不宜过大。

● 后披肩造型。后中高16 cm左右,袖窿与分割线为同一位置。

● 设计开衩宽为 4 cm,长 22 cm。

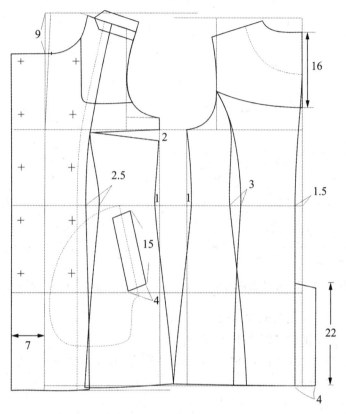

图 3 - 1 - 6 衣身结构设计

(2) 前片

● 侧缝线。腰节处收进 1 cm,线条画顺。

● 前分割线。前省量 2.5 cm,注意线条造型,为了使纽扣与分割线的距离较平行,胸围线以下线条较直。

● 前止口线。叠门宽 7 cm。

● 前领深 9 cm,画顺领圈弧线。

● 袋位。根据款式要求设计袋位,上下位置一般位于腰节下 8 cm 左右,纵向的口袋以袋长中点计。风衣的口袋较大,一般在 13 cm 以上。嵌条宽 4 cm。

● 前肩搭布。根据款式设计,要求比例恰当,造型美观。

3. 领子结构设计(图 3 - 1 - 7)

领座长为前后领圈弧长,因为领子比较贴紧脖子,前中抬高 4 cm。领座高 4 cm。

上领后中抬高量(□)和领子造型相关,□=●也可以□>●。上领高 6 cm,画出领子造型。

4. 袖子结构设计(图 3 - 1 - 8)

因为本款风衣的袖子为两片袖结构,采用在衣身袖窿上制图的方法。

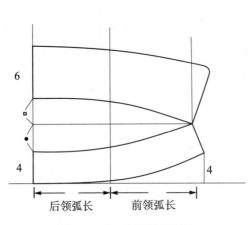

图 3-1-7　领子结构设计

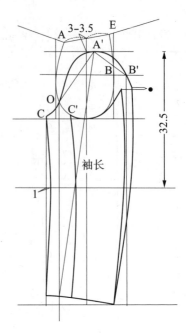

图 3-1-8　袖子结构设计

- 袖山高。肩端点连线的中点向下 3～3.5 cm。
- O 点一般位于袖窿深线向上 4～5 cm。
- OA′=OA+0.2 cm,A′B′=BE+0.3 cm,测量袖肥,如果与设计值不服,可以调整袖山高。
- 过 A′点量取袖长。
- 袖口阔 13 cm。
- 大小袖的外偏袖长之间的差量●根据面料调整。

过程三：样板制作

1. 面布样板制作

(1) 衣身样板制作(图 3-1-9)

前侧片省道合并。后中放缝 1.5 cm,其余放缝 1 cm,贴边放缝 4 cm。

胸围线、腰围线、臀围线做刀眼。

样板的放缝并不是一成不变的,其缝份的大小可以根据面料、工艺处理方法等的不同而发生相应的变化。如衣身的侧缝、分割缝、肩缝、袖子的拼缝等也可放缝 1.2 cm 或 1.5 cm,领口、止口、袖窿等部位也可放缝 0.6 cm 或 0.8 cm,下摆和袖口贴边量也可根据需要作调整,可以是 3～3.5 cm,也可以是 4.5～5 cm。总之,不同的生产企业科根据自己企业的生产特点结合款式和面料特点来确定样板的放缝量。需要注意的是,相关联部位的放缝量必须一致,例如衣身的领口和袖窿的缝份是 0.8 cm,那么袖山弧线和领口弧线缝份也必须是 0.8 cm。放缝时转角处毛缝均应保持直角。

(2) 袖子样板制作(图 3-1-10)

袖子放缝同衣身,袖山弧线,内外袖缝线放缝 1 cm,袖口贴边宽 4 cm。

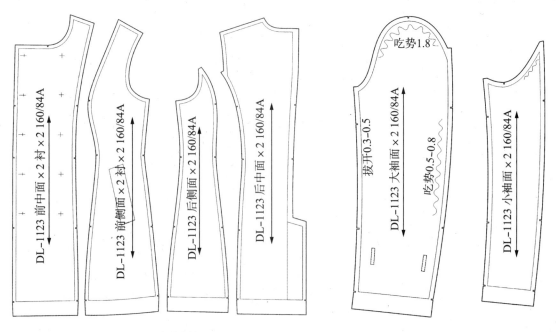

图 3-1-9　衣身样板制作

图 3-1-10　袖子样板制作

（3）部件样板制作（图 3-1-11）

为减少厚度，后披肩和前搭肩的里层采用里布制作。

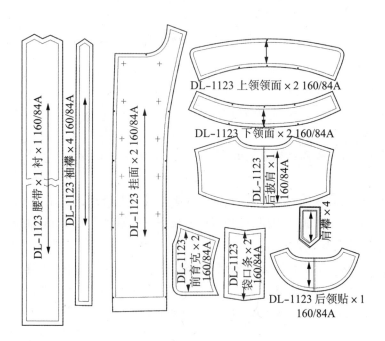

图 3-1-11　部件样板制作

2. 净样板制作(图 3-1-12)

双排扣的纽扣位需要做定位样板。在挂面净样上定出纽位和眼位。

领子净样上需做出三刀眼记号。

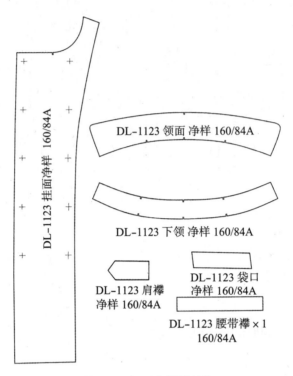

DL-1123 挂面净样 160/84A

DL-1123 领面 净样 160/84A

DL-1123 下领 净样 160/84A

DL-1123 肩襻 净样 160/84A

DL-1123 袋口 净样 160/84A

DL-1123 腰带襻×1 160/84A

图 3-1-12 净样板制作

3. 里布样板(图 3-1-13)

里布样板在面布样板的基础上制作。

前中里布样板。去掉挂面后,在挂面净缝线基础上放 1 cm,下摆在净缝线基础上下落 1 cm,其余各边放 0.3 cm 坐缝。

前侧片里布样板。袖窿在肩点处放出 0.5 cm,下摆在净缝线基础上下落 1 cm,其余放 0.3 cm 坐缝。

后中里布。因为开衩的工艺处理,本款后片里布要分左右片。右片里布的开衩同大身,左片里布要去掉开衩宽。领口去掉后领贴,在领贴净缝线基础上放 1 cm,袖窿在肩点处抬高 0.5 cm,下摆在净缝线基础上下落 1 cm。

后侧片里布样板。下摆在净缝线基础上下落 1 cm,其余放 0.3 cm 坐缝。

大袖片在袖山顶点加放 0.3 cm,小袖片在袖底弧线处加放 1 cm,大小袖片在外侧袖缝线抬高 0.5 cm,在内袖缝线抬高 0.8 cm,内外袖缝线均放 0.3 cm 坐缝,袖口在净缝线基础上下落 1 cm。

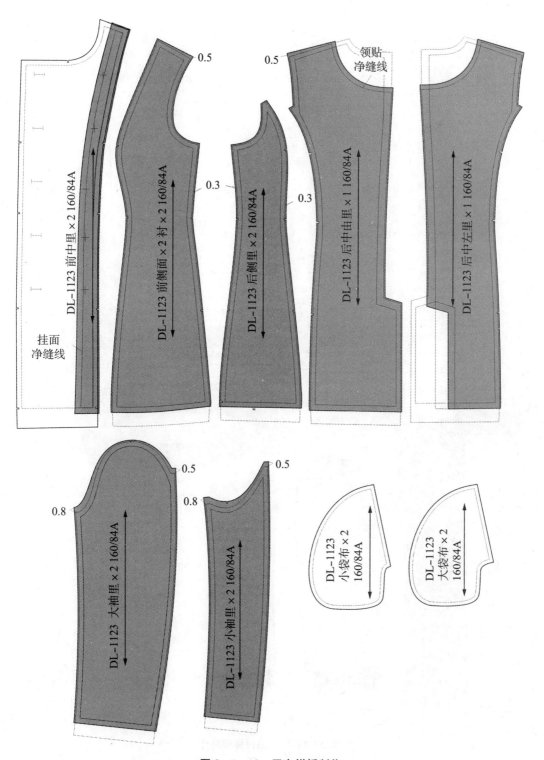

图 3 - 1 - 13 里布样板制作

4. 黏衬样板

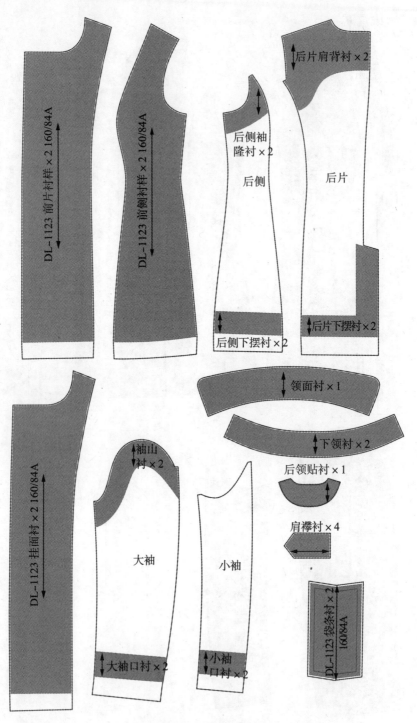

图 3 - 1 - 14　黏衬样板制作

过程四：样衣制作

■ 排料与裁剪

1. 面料排料参考图，如图 3 - 1 - 15 所示。门幅 140 cm，对折排料。

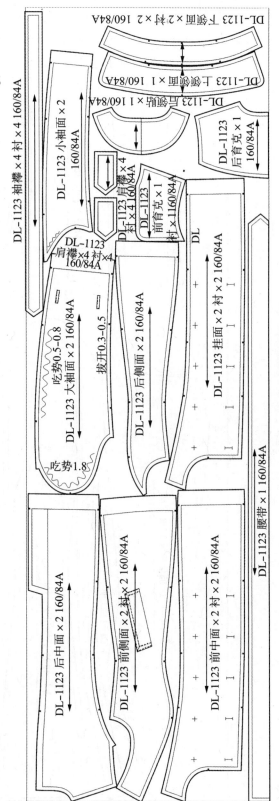

图 3 - 1 - 15 面料排料参考图

2. 里料排料图,如图 3 - 1 - 16 所示。门幅 140 cm,对折排料。

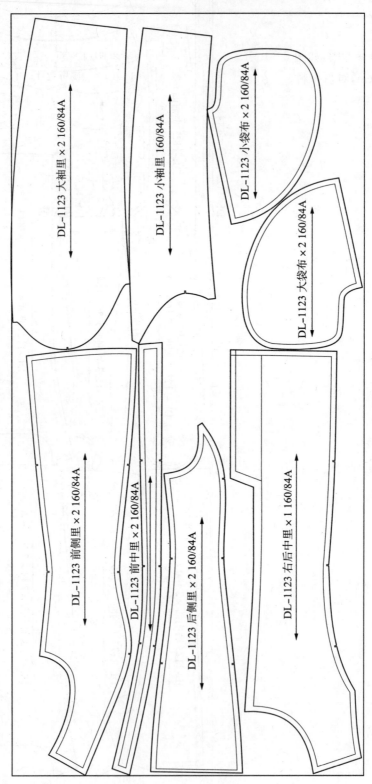

图 3 - 1 - 16　里料排料参考图

■ 生产工艺单编制

服装生产工艺单

难度等级

客户：AS	组别：	季节：秋季
制单号：	纸样号：	款号：DL-1111
款式名称：女风衣	面料：	制单数：

款式图：

规格表（度量单位：cm）

部位名称	尺　　码		
	155/80A	160/84A	165/88A
衣长	76	78	80
胸围	94	98	102
腰围	78	82	86
肩宽	39	40	41
袖长	57.5	59	60.5
袖口	12.5	13	13.5
口袋长	14.5	15	15.5
袋口宽	4	4	4
袋座高	4	4	4
领座高	6	6	6
翻领高			

特种设备：圆头锁眼机	唛头位置：
辅助工具：	
针类：11号　针码：13针/3cm	
对条对格要求：	

工 艺 编 制

裁床注意事项：1. 裁片注意色差、色条、破损。
2. 纱向顺直，不允许有偏差。
3. 裁片准确，两层相符。
4. 刀口整齐，深0.5cm。

黏衬位置：前中片、前侧片、挂面、袖口、上领、领座、下摆、袋口条、袖襻、后领贴。

工艺要求

前身：前片公主线拼合，缝头倒向前中，正面缉0.1cm、0.6cm双线。前侧做斜挖袋，袋口布平服，袋角固定牢固。门襟顺直，止口不能反吐，缉0.1cm、0.6cm双线。

后身：拼缝顺直，侧缝缝头倒向后中，正面缉双线。后中在左片缉双线。衩宽4cm，左盖右。上口斜向封口，牙叉平整，不起吊。

领子：上领按净缝线车缝，修剪缝头为0.6cm，翻转烫平，止口不反吐，缉双线。下领面按净样折烫。装领要求三刀眼对准，下领面压0.1cm明线。

袖子：拼合外袖缝双线，正面大袖片缉双线，袖口装三个袖襻，间距8cm。里布袖口坐缝1.5cm。装袖时吃势均匀，装袖圆顺，左右对称。

工艺编制：	编制日期：	工艺审核：	审核日期：

■ 样衣制作

（一）缝制工艺流程

准备工作——拼合衣片面的前中片和前侧片——缝制斜挖袋——缝制前门襟——做前搭肩——固定前搭肩布——缝合衣片面的后片、侧片——做后披肩——拼合后片里布——后片面里拼合——做袖——绱袖——做领——绱领——整烫、锁钉。

（二）具体缝制工艺步骤及要求

1. 准备工作

（1）在正式缝制前需选用相应的针号和线，调整好底、面线的松紧度及线迹密度。

针号：11号或14号。

用线与线迹密度：明线14～16针/3 cm，面、底线均用配色涤纶线。

（2）黏衬及修片

先将衣片与黏衬小烫固定。注意黏衬比裁片要略小0.2 cm左右，固定时不能改变布料的经纬向丝缕。

过黏合机后，摊平放凉，重新按裁剪样板修建裁片。

2. 拼合衣片面的前中片和前侧片

● 对准胸围、腰节和臀围线刀眼，缝份1 cm。要求线迹松紧适宜、无跳针、浮线现象。

● 缝头倒向前中，在正面缉0.1 cm和0.6 cm明线。

3. 缝制斜挖袋

● 在衣片上用划粉或线钉标出袋位。

● 缝制袋口布。按照净样车缝袋口布两侧，两端各留出0.9 cm不缝。将袋口布两侧翻烫后距折边车0.6 cm明线，要求袋口布两角方正，止口不外吐。

● 车缝袋口，要求对准对齐袋位，袋口两端必须回针固定。如图3-1-17所示。

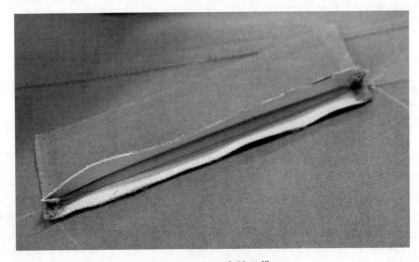

图3-1-17 车缝口袋

- 车缝大袋布。对准衣片袋位净线车缝固定,要求准确对齐袋位。如图 3-1-18 ①所示。
- 袋位剪口。如图 3-1-18②所示,袋口剪成 Y 形。
- 车缝小袋布。如图 3-1-18③所示,袋位剪口的缝份与小袋布缝合。
- 车缝固定袋口布两端。整理放平袋口布、大袋布和小袋布,在袋口布两端车缝 0.1 cm 和 0.6 cm 明线。
- 缝合袋布。车缝两道线固定袋布。完成挖袋,如图 3-1-18④所示。

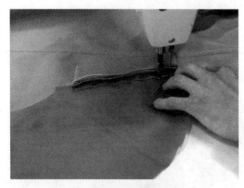

①车缝大袋布

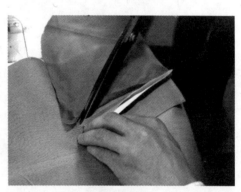

②袋位剪口

③车缝小袋布

④完成图

图 3-1-18　车缝口袋步骤图

4. 缝制前门襟

- 前里与挂面拼合。缝头 1 cm,缝合后按 1.2 cm 缝份折烫。如图 3-1-19 所示。
- 缝制门襟止口。将挂面与衣身正面相对,从装领点起沿门襟止口净线车缝至挂面底摆为止。
- 修剪门襟止口缝份。修剪衣片缝份至 0.8 cm 左右,挂面缝份至 0.4～0.5 cm 左右。修剪门襟上端和下端角部的缝份。如图 3-1-20 所示。
- 熨烫门襟止口。门襟止口烫出里外匀,不能有虚边。

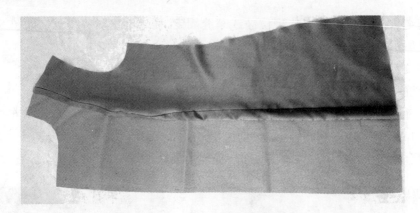

图 3 - 1 - 19　前里与挂面拼合

图 3 - 1 - 20　修剪门襟止口缝份

5. 做前搭肩

● 搭肩布面里拼合。缝头 1 cm，拼合后熨烫止口，要烫出里外匀，不能有虚边。如图 3 - 1 - 21①所示。

● 翻到正面熨烫，止口缉 0.1 cm 和 0.6 cm 明线，如图 3 - 1 - 21②所示。

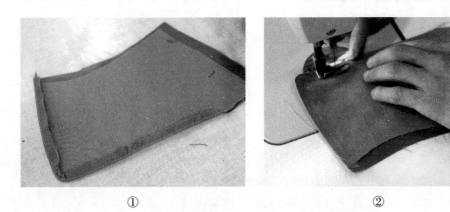

①　　　　　　　　　　　　　②

图 3 - 1 - 21　做前搭肩步骤图

6. 固定前搭肩布

在衣身左前片固定前搭肩布。如图 3-1-22 所示。

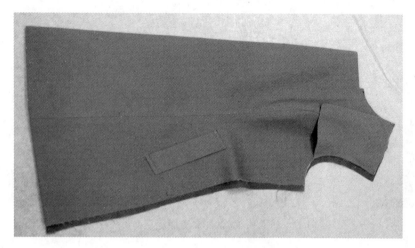

图 3-1-22　固定前搭肩布

7. 缝合衣片面的后片、侧片

- 拼合后中缝。缝份 1 cm，在开衩处右片缝头折进，回针固定。如图 3-1-23①所示。
- 拼合侧片。对准胸围线、腰节和臀围线刀眼，缝份 1 cm。
- 正面缉明线。侧缝缝头倒向前中，后中缝头倒向左片，在正面缉 0.1 cm 和 0.6 cm 明线。如图 3-1-23②所示。
- 折烫下摆。

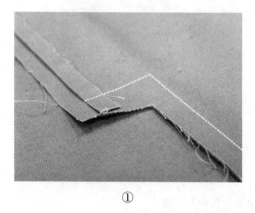
①

②

图 3-1-23　正面缉明线

8. 做后披肩

- 后披肩面里拼合。缝头 1 cm，拼合后熨烫止口，要烫出里外匀，不能有虚边。
- 止口缉 0.1 cm 和 0.6 cm 明线。肩缝、领圈和袖窿等处车缝将面里固定。如图 3-1-24 所示。

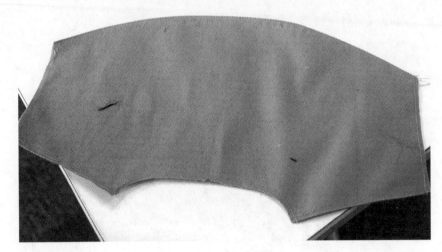

图 3 - 1 - 24　将里面固定

9. 拼合后片里布

● 拼合里布后中和侧缝,缝头 1 cm,刀眼对准。缝合后按 1.2 cm 缝份折烫。如图 3 - 1 - 25 所示。

● 拼合里布与后领贴。

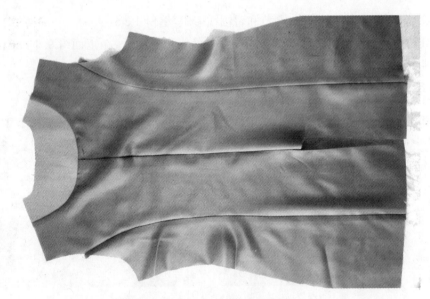

图 3 - 1 - 25　拼合里布后中和侧缝

10. 后片面里拼合

● 右开衩拼合里布。里布和衣身正面相对,衣片下摆向上折,缝头 1 cm。如图 3 - 1 - 26①所示。

● 正面缉 0.1 cm 止口线。如图 3 - 1 - 26②所示。

● 缝制左开衩。对好位置后在转角处剪到净样线,然后和左衩拼合,缝头 1 cm。如图 3-1-26③所示。

● 开衩完成效果,如图 3-1-26④所示。

图 3-1-26 后片面里拼合步骤图

11. 做袖

● 大袖片袖口车缝固定袖襻。如图 3-1-27 所示。

● 拼合外袖缝线,缝头 1 cm,正面在大袖片上缉 0.1 cm 和 0.6 cm 双线。如图 3-1-28 所示。

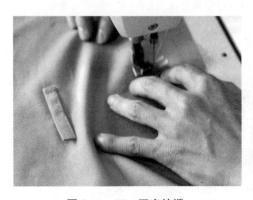

图 3-1-27 固定袖襻

图 3-1-28 拼合外袖缝线

- 按净样线折烫袖口贴边。
- 拼合内袖缝线,分缝烫开。
- 完成面布袖子制作。如图 3-1-29 所示。
- 拼合袖子里布。缝头 1 cm,缝合后按 1.2 cm 缝份折烫。如图 3-1-30 所示。
- 袖子面里拼合。将面、里袖口正面相对,对准袖子内袖缝,从内袖缝开始缝合袖口面、里布。
- 固定袖口,袖口折转向上,与内外袖缝线的缝头固定。如图 3-1-31 所示。

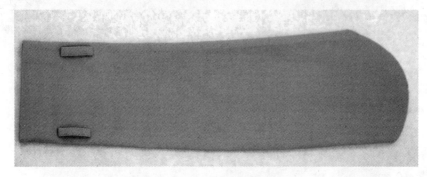

图 3-1-29　完成后的面布袖子

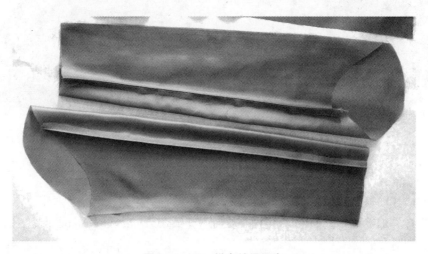

图 3-1-30　拼合袖子里布

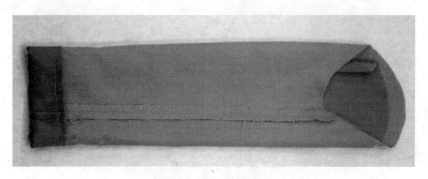

图 3-1-31　缝头固定

12. 绱袖

● 抽缩袖山弧线。用手缝针收缩袖山弧线吃量或用斜丝布条收拢吃势,手缝针迹要小、均匀、紧密,并按照各部位的吃势量抽缩。

● 取宽约 3 cm 的斜丝布条,在袖山吃势部位车缝,缝头 0.8 cm。如图 3 - 1 - 32 所示。也可采用里布斜丝条,带紧后在袖山车缝,斜丝回缩后会自然形成吃势。

● 绱袖。袖子放在大身上面车缝,缝头 1 cm,刀眼对准,要求装袖圆顺、左右对称。

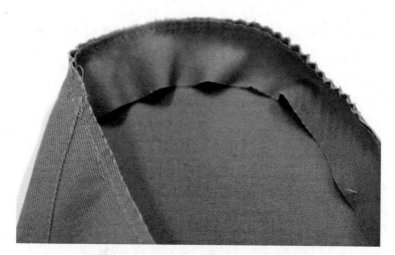

图 3 - 1 - 32　将斜丝布条车缝在袖山吃势部位

13. 做领

● 做翻领。用净样板画出净线,面、里正面相对,沿净线车缝,两侧领脚领里稍拉紧,其目的是保证领脚有一定的窝势。

● 修剪缝头至 0.6 cm,沿净缝线将缝份朝领面一侧扣烫,将翻领翻出熨烫外口线,要求止口不反吐,领脚有窝势、不反翘。

● 绱上领明线。沿外口绱 0.1 cm 和 0.6 cm 明线。

● 做领座。按净样板扣烫领座下口缝份,并根据净样定出缝合翻领时需要的对位记号。

● 缝合翻领、领座。领座里在上,面在下,正面相对,翻领面在上,夹在两层领座中间,沿净线并对准记号车缝合。

● 修、翻、烫领。修剪缝份,翻出领座并熨烫,在拼合处绱 0.1 cm 明线,起始点和结束点距边 3 cm 左右。在装领缝份上定出对位记号。

14. 绱领

● 领座面与衣片正面相对,对准对位记号车缝绱领。

● 绱领子明线。领座里盖住绱领缝线,沿领座一周绱 0.1 cm 明线,要求背面坐缝不超过 0.3 cm。

15. 锁钉、整烫

五、任务反思

（一）学习反思

1. 请阐述风衣的特点和结构设计要素。

2. 收集五个品牌的当季风衣产品，并进行分析。

3. 在本次任务实施过程中，还存在哪些不足，将如何改进。

（二）拓展训练

按照提供的风衣款式图进行款式分析、结构设计、样板制作和样衣制作。

六、任务评价

评价指标	评价标准	评价依据	权重	得分
款式分析	A：款式图比例准确、造型美观；款式描述到位、详细；各部位规格制定合理。 B：款式图比例较准确；款式描述基本到位；各部位规格制定合理。 C：款式图比例不准确；款式描述不到位；各部位规格制定不够合理。	款式分析报告单 A：8～10分 B：5～7分 C：5分以下	10	
结构设计	A：结构准确，细部规格设计合理，造型美观、线条流畅。 B：结构基本准确，细部规格设计基本合理，线条比较流畅。 C：结构不准确，细部规格设计不合理，线条不流畅。	结构制图 A：16～20分 B：11～15分 C：10分以下	20	
样板制作	A：样板齐全，制作规范、标识齐全。 B：样板齐全，有2处以下制作错误、标识遗漏5处以下。 C：样板不齐全，多处制作错误、标识不齐全。	样板 A：12～15分 B：8～11分 C：7分以下	15	
样衣制作	A：制作完整，成衣感强，外观平整、制作精良、细部处理合理。 B：制作完整，外观较平整、细部处理较合理。 C：制作不完整，外观不平整、细部处理不合理。	样衣 A：20～25分 B：13～19分 C：12分以下	25	
职业素质	迟到早退一次扣2分，旷课一次扣5分，未按值日安排值日一次扣3分，人离机器、不关机器一次扣3分，将零食带进教室一次扣2分，不带工具和材料扣5分，不交作业一次扣5分。		30	
总分				

任务二　折裥变化女风衣制版与工艺

一、任务目标

通过本项目学习,你应该:

1. 能根据时尚流行女风衣的设计稿或款式图进行款式分析,并描述款式特点;

2. 能根据分析结果制定成衣规格;

3. 能根据流行女风衣图片或设计稿绘制正面和背面结构图;

4. 能根据款式特点选择结构设计方法并实施;

5. 能根据面料性能和工艺要求进行样板制作;

6. 能按照生产要求进行排料;

7. 能进行面、辅料裁剪;

8. 能进行时尚流行女风衣工艺单编写;

9. 能进行时尚流行女风衣样衣制作;

10. 能进行后整理操作。

二、任务描述

按照提供的时尚流行女风衣款式图或设计稿进行款式分析,分析款式造型、面料特点、工艺方法等,在分析基础上制定成衣各部位规格;然后进行结构设计,要求体现款式特征,结构准确合理、造型比例恰当、线条流畅;在结构设计基础上进行符合企业生产标准的纸样制作,包括面料样板、里布样板、净样板等,要求制作规范,片数完整;根据完成的工业样板进行排料和裁剪,最后进行样衣制作,根据样衣试穿效果进行结构调整。

三、知识准备

（一）平领结构设计

平领是指领座极低、领面宽和领座高之间的差量较大、领面服帖于人体背部的一类领子,实际上是一种特殊的翻领。平领根据领宽和领口的形状变化,可以设计出各种领子,在女装和童装中广泛使用。

1. 平领的立体造型原理

如图 3-2-1(a)所示,将前后衣片的颈侧点和肩斜线对合,根据款式要求画出领子造型

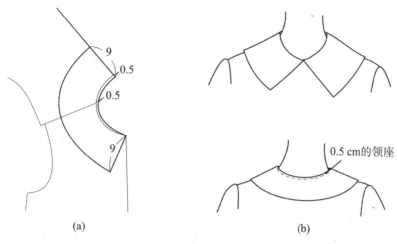

(a)　　　　　　　　　　　　　　(b)

图 3 - 2 - 1　平领的立体造型原理

线。然后在后领口、颈侧点外放 0.5 cm,修正领圈线以获得新的领口弧线与领面的宽度是设计值,这里以 9 cm 做平领的着装实例。上述的纸样用白胚布裁剪制作后如图 3 - 2 - 1(b)所示。平领成型后在后领中心处产生约 0.5 cm 的领座,前中心处则平稳过渡,几乎不存在立起的领座。若要将领座增大,则要设法将领外弧线减短,在这个实例中可通过在领外口处用别针别出几个省道,如图 3 - 2 - 2(a)。别完省道后,领外弧线变短,后中心处就爬升至能使其稳定的位置,从而使领座升高。反之,如果在做省道的位置剪切展开,见图 3 - 2 - 2(b),领子外口弧线加长,其稳定位置下降,原有的领座就消失了,有领座的平领就会演变为水波纹的形状,即荷叶领。

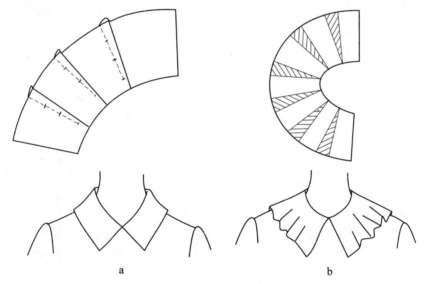

a　　　　　　　　　　　　　　b

图 3 - 2 - 2　平领的立体造型原理

2. 领子的平面结构设计原理

图 3 - 2 - 3 所示是将前面三种平领的平面结构重叠在一起。从图可知,不同领座的平领和荷叶领的领外弧线的差异,这种差异也正是构成平领的造型原理。领子的领口弧线越凹,领外

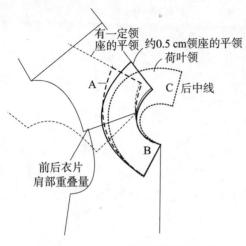

图3-2-3 平领的平面结构设计

弧线长度越长,领座越低直至消失;反之则领座越高。如果领口线比衣片领圈线曲度更大,也就意味着领外弧线长度达到极限,领面出现了多余的量,此时平领已经演变为荷叶领了。

在实际的平领结构设计过程中,一般通过控制衣片肩端点重叠量的大小来间接控制成型后平领的领座高低。不难理解,当前后肩线的重叠量取值越大时,领外弧线越短,成型后平领的领座越高;反之,前后肩线的重叠量取值越小,领外弧线越长,成型后平领的领座越低。重叠量为1~1.5 cm时,领座高约 1 cm;重叠量为2~2.5 cm时,领座高约 1.5 cm。

3. 平领的平面结构设计方法

平领的造型方法有两种,一种是与翻领的造型方法完全一致,即增大倒伏量来获得凹度较大的领口弧线,但这种方法不够准确;另一种方法是以前后衣片的领圈线为基础来设计平领的平面结构。

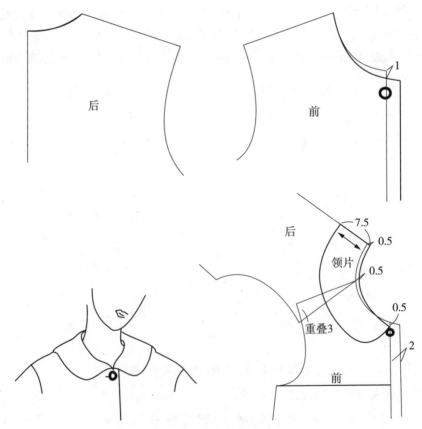

图3-2-4 铜盆领的平面结构设计方法

（1）铜盆领（图 3-2-4）

铜盆领具有典型的平领特征：领座极低，前领脚呈小圆弧状，显得可爱，是女童装设计者最喜爱使用的领型之一。平领的领底高低是根据设计的要求确定的，并没有一定的数值要求，仅是领面与领座差量的感觉。

其结构制图步骤如下：

● 领圈线，先根据款式的具体要求修正前后衣片的领圈线。

● 领口弧线，将已经完成的款式衣片在侧颈点处对合，且在前后肩点的位置重合一定的量。这里取前肩宽的 1/4，大约是 3 cm。然后将款式衣片的后颈侧点、颈侧点外放 0.5 cm，依次通过这三点画顺，所得的弧线即是领子的领口弧线。

● 领外弧线，这是一条设计线，完全按照领子的形态特征来定。

（2）水兵领（图 3-2-5）

水兵领属于领面较宽的平领，来源于海军军服，也称为海军领。与前面的铜盆领相比，海军领的领面形状有很大的变化，前颈点向下开深呈 V 字造型。开深量有大有小，领外口线的形状也有方形和圆形，有套头和开门襟等变化。但变化都是在领子的细节上，其大致感觉还是不变的。

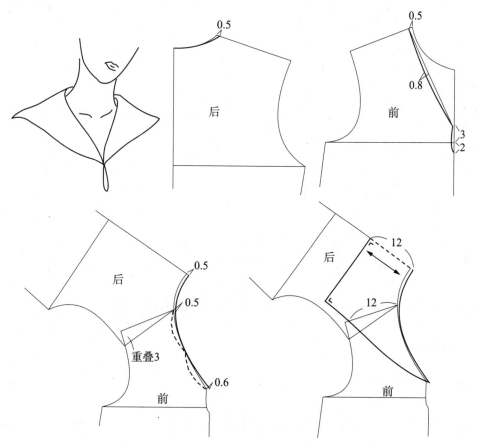

图 3-2-5 水兵领的平面结构设计方法

在进行水兵领的结构设计时，一定要先将前后衣片的领口线按照款式的感觉完成，然后在此基础上再进行设计。

（3）带波浪褶的平领（图3-2-6）

波浪褶具有十足的女性气质，在女装的领子、衣身、低摆、袖口等各个部位都可以运用，春夏季的衬衫和连衣裙更是常见。如图所示，款式是在平领的基础上设计了单个的波浪褶。如果波浪褶是均匀而紧密的分布，就成了层层叠叠的荷叶领。

在进行此类领子的纸样设计时，先想象成是没有褶裥的领子，将这样的领子样板绘制好后，再根据褶裥的方向和个数剪切展开，每个切口加入相应的褶量。增加的褶量大小完全取决于款式特征，波浪大则加量多，反之则少。最后用圆顺的曲线连接裁剪后的图形，完成结构制图。

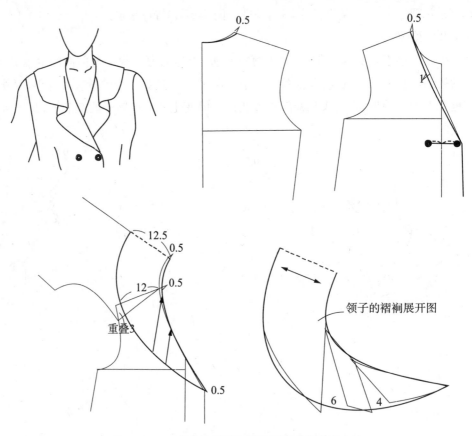

图3-2-6　带波浪褶的平领的平面结构设计方法

四、任务实施

过程一：款式分析

1. 款式外观

褶裥设计是时尚风衣的常用设计手法，本款风衣在领子、袖口、下摆等处都采用了褶裥设计，增加了款式的层次感和体积感。

本款风衣的造型上部合体、下部宽松，呈现出张弛有度的美感。在腰节横向分割，前片左右各设一个腰带袢，后中一个腰带袢。腰节以上较合体，采用公主线设计进行收腰，腰节以下采用褶裥设计，增加摆围量，在下摆收口后往上折和里布拼接，呈现蓬松的体积感，外观类似灯笼造型。领子采用双层平领设计，在肩部用纽扣固定，领面较宽，领口线采用褶裥设计。袖口设计手法和下摆类似，袖口量较大，收口后向上折与里布拼接；袖子较长，在手腕处采用抽褶设计收紧。

本款风衣的面料采用锦棉、麂皮绒或桃皮绒等有一定悬垂性的面料。

2. 尺寸分析

以国家服装号型规格 160/84A 的人体各数值为依据。

（1）衣长：如图 3-2-7 所示，衣长至大腿中部，大约在腰节下 22 cm 处，因为本款下摆是蓬松造型，有一定体积感，因此要加上一定余量，约 6 cm，衣长尺寸为 85 cm。

（2）胸围：上部分为合体造型，胸围放松量为 10 cm，胸围成衣尺寸为 94 cm。

（3）肩宽：按照人体基本肩宽，为 38 cm。

（4）袖长：本款风衣袖子较长，袖长至腕关节下 8 cm 处，因为袖口的立体造型要加上一定余量，约 5 cm。袖长尺寸为64 m。

（5）腰围：胸腰差为 14 cm，腰围尺寸为 94-14=80 cm。

（6）领高：根据款式领子造型，设计领高为 13.5 cm。

（7）袖口大：本款风衣袖口较大，约为 22 cm。

（8）其余细部尺寸根据造型设计。

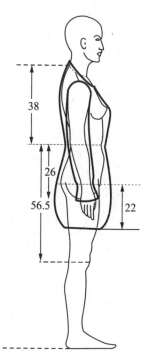

图 3-2-7 尺寸分析图

3. 办单图填写

办单图（尺寸表）		
品牌：AS	季节：秋装	日期：6 /2011
设计师：	款号：DL-1111	布料：

款式图

尺寸表：

上衣：

前中长		后背宽		前夹弯		袋位	
后中长	85	腰直		后夹弯		上袋(高×宽)	
肩宽	38	前领深		夹直		下袋(高×宽)	
胸围	94	后领深		袖长	64	腰带(长×宽)	
腰围	80	前领弯		袖脾(夹下1寸)		腰耳(长×宽)	
坐围		后领弯		袖口阔	22	搭位	
脚围		领宽(骨对骨)		袖衩		拉链长	
前胸宽							

过程二：结构设计

1. 使用模板进行框架设计(图 3-2-8)

胸省量设计。本款风衣上装为合体造型,胸部需要一定的合体度,设计胸省量为 2 cm。把余下的胸省量转移到袖窿,形成袖窿松量。

本款的胸围尺寸为 94 cm,在模板基础上加放 0.5 cm。

袖窿深在模板基础上开深 1 cm。

本款风衣的横开领较大,约为 9.5 cm,在模板横开领基础上加大 2 cm。后直开领在模板基础上相应降低,画顺后领圈弧线。前直开领深约为 11 cm。

肩部结构设计。因为后片有育克分割,且位于背凸点附近,可以把 1 cm 肩省转移到分割线,剩下的肩省量在肩宽处去掉。

叠门宽 2.4 cm。

2. 衣身结构设计(图 3-2-9)

(1) 后片

● 侧缝线：腰节处收进 1 cm,线条画顺。

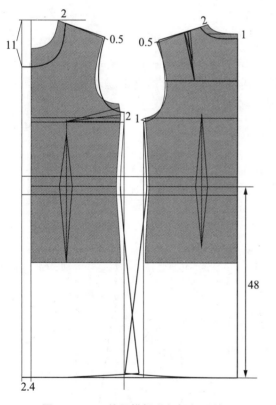

图 3-2-8　使用模板进行框架设计

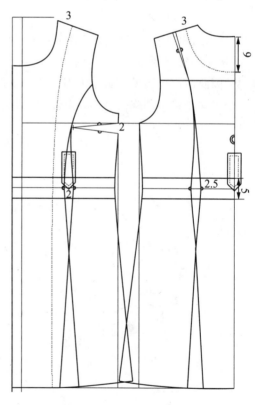

图 3-2-9　衣身结构设计

● 后育克分割线：根据款式设计,要求比例恰当。

● 公主线分割：省量为 2.5 cm,画顺分割线,注意线条位置和造型。

- 腰部分割：根据款式要求设计腰宽为 5 cm，以腰节线为中心，上下各取 2.5 cm。

（2）前片

- 侧缝线：腰节处收进 1 cm，线条画顺。
- 公主线分割：腰省大为 2 cm，离开胸凸点不宜太远，线条流畅美观。
- 腰部分割位置同后片。
- 画顺前领圈弧线。

3. 领子结构设计（图 3-2-10）

前后衣片肩端点重叠 3.5～5 cm，前中落下 1 cm，让领子形成少许领座，使绱领的拼缝线藏在翻折线以内，外面看不到，比较美观。

画顺领圈弧线。领子与领窝尺寸的配合，前半部分领长应比前领窝少 0.3 cm，后半部分领长应比后领窝少约 0.5 cm。领子比领窝少的量前后加起来总和约 0.8 cm。这个量是拔领座的量，拔开的位置约在侧颈点前后各 3 cm。只有经过拔开领座的领子，制作出来的领型才会翻折线圆顺，有立体感，绱领拼缝不外露。如果领子与领窝同样大小，不拔领座，制出来的翻折线处会有少许褶皱，领座起不来，绱领拼缝容易外露。

画出领子造型。后领高 13.5 cm。

4. 袖子结构设计（图 3-2-11）

袖山高和袖肥值设计。根据本款风衣造型，袖子不能做得太瘦，袖肥应该在 33～35 cm 左右。

按照 AH/3 预取袖山高，因为本款风衣采用化纤类面料，面料组织较紧密，不能有太多吃势，因此前后 AH 值要减去一定的量。然后取得袖肥值，测量袖肥值是不是在设计范围内，如果袖肥过小则降低袖山，相反袖肥过大则抬高袖山。

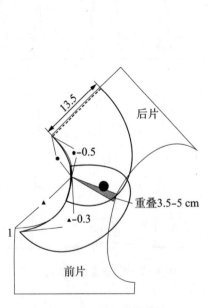

图 3-2-10　领子结构设计

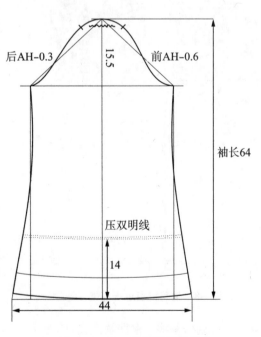

图 3-2-11　袖子结构设计

袖长 64 cm，从袖山顶点量取。

袖口大 44 cm 左右，根据造型可做适当调整。

距离袖口 14 cm 为抽褶位置。

过程三：样板制作

1. 面布样板

前下片样板处理，如图 3 - 2 - 12 所示。前下片为整片结构，先把分割线合并，然后按照褶裥位置做分割线，剪切，按照褶裥大小展开一定的量，修顺轮廓线。

缝份 1 cm，下摆贴边 4 cm。

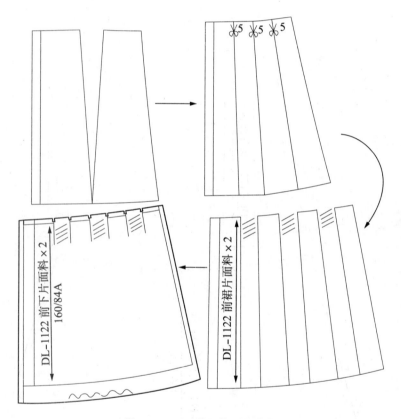

图 3 - 2 - 12　前下片制作步骤

后下片样板处理。如图 3 - 2 - 13 所示，方法同"前下片样板处理"。

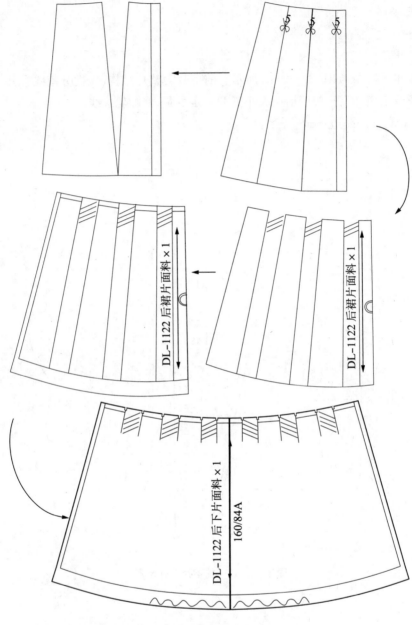

图 3 - 2 - 13　后下片制作步骤

2. 领子样板处理,如图 3 - 2 - 14 所示。按照褶裥形状和方向做分割线,因为领子外口没有褶量,只需展开领口线,放入褶量,修顺轮廓造型。关键是褶量大小的控制,是否达到款式要求。

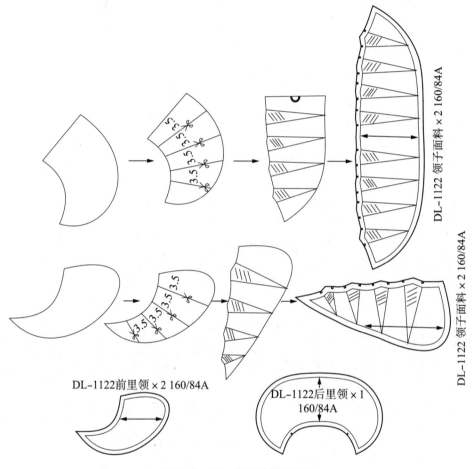

DL-1122领子面料 × 2 160/84A

DL-1122领子面料 × 2 160/84A

DL-1122前里领 × 2 160/84A

DL-1122后里领 × 1
160/84A

图 3 - 2 - 14　领子的样板制作

里领不需做剪切处理。

缝份 1 cm。

3. 其余部位样板处理,如图 3 - 2 - 15 所示。

4. 里布样板

(1)前、后下片的里布处理(图 3 - 2 - 16)

一般来说,面布抽褶或褶裥的服装里布不抽褶或做少量褶裥。本款风衣下摆褶量较大,如果里布不抽褶,造成面里尺寸差别太大,因此,里布做少量抽褶。

前下片去掉挂面的量后,在两块分割片中间放入褶量。

本款风衣的下摆向上折转后与里布拼接,用里布固定,使面布形成饱满的立体效果,因此里布下摆不需要坐缝,只要在面布折转位置上放 1 cm 缝份即可。

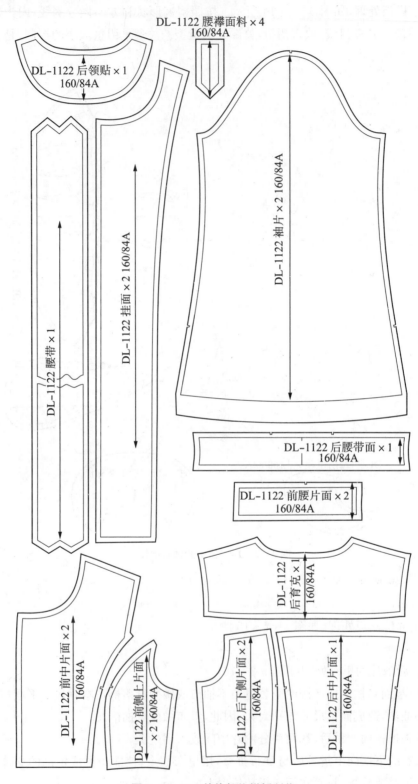

图 3-2-15　其他部位样板制作

后下片里布的做法同前下片。

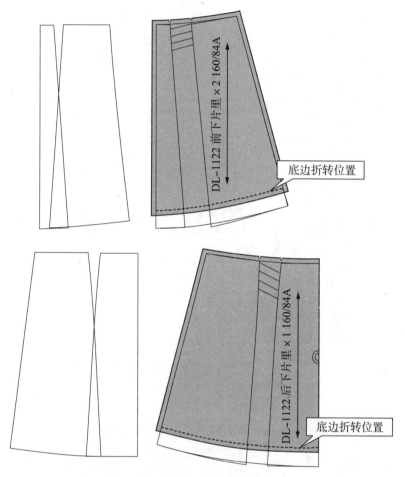

图 3 - 2 - 16　前、后下片的里布处理

（2）衣身和袖子里布样板（图 3 - 2 - 17）

前片衣身里布样板配置。里布的中腰片不分割，在做里布样板时要把中腰片和衣身样板合并。前中里布在面料样板上去掉挂面后，在挂面净缝线的基础上放缝 1 cm，其余放 0.2 cm 坐缝。前侧片里布放 0.2 cm 坐缝。

后片里布样板配置。因为后片里布不做育克和中腰片分割，为了使样板更准确，后片里布在结构图上制作。后中片去掉后领贴后，放缝 1.2 cm。后侧片放缝 1.2 cm。

袖子里布样板配置。袖山放缝 1.3 cm，袖缝处抬高 0.8 cm 的坐缝，袖缝放 0.2 cm 坐缝。袖口在面布折转位置上放 1 cm 缝份。

5. 黏衬样板（图 3 - 2 - 18）

该款风衣为休闲风格，且多处采用褶裥设计，使用黏衬的部位较少。在挂面、领子、后领贴和中腰片等部位使用黏衬。表领和里领一般需要整片黏衬。

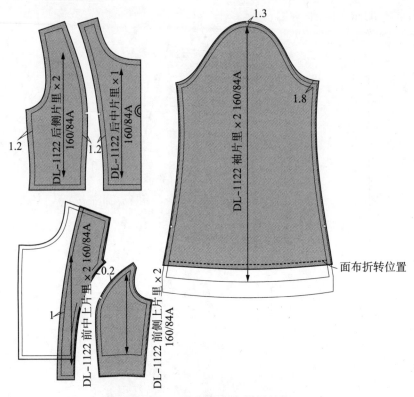

图 3 - 2 - 17　袖子里布样板制作

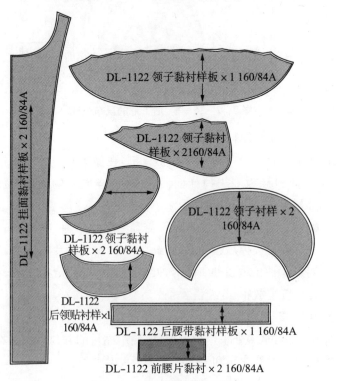

图 3 - 2 - 18　黏衬样板制作

过程四：样衣制作

■ 排料与裁剪

1. 面料排料参考图，如图 3 - 2 - 19 所示。（门幅 140 cm）

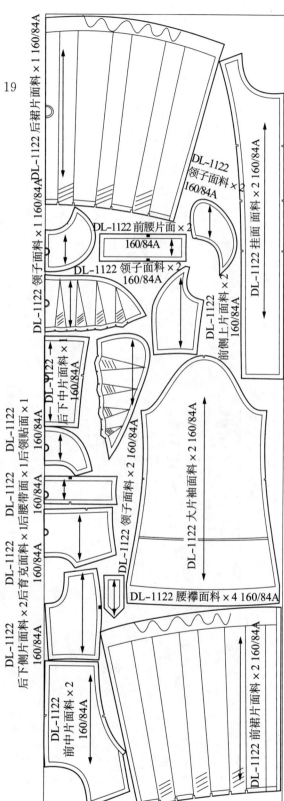

图 3 - 2 - 19 面料排料参考图

2. 里料排料参考图，如图 3 - 2 - 20 所示。（门幅 140 cm）

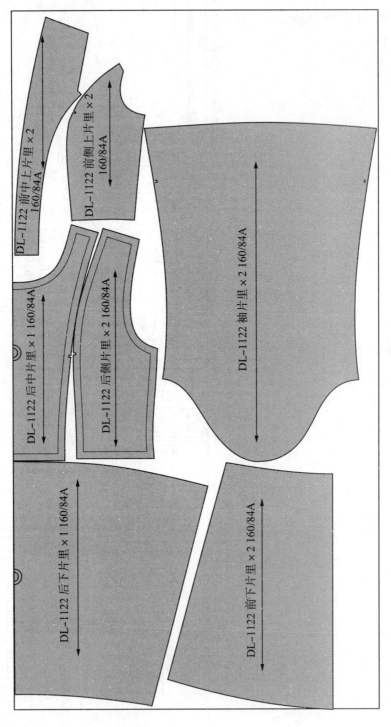

图 3 - 2 - 20　里料排料参考图

DL-1122 前中上片里 × 2 160/84A

DL-1122 前侧上片里 × 2 160/84A

DL-1122 后中片里 × 1 160/84A

DL-1122 后侧片里 × 2 160/84A

DL-1122 袖片里 × 2 160/84A

DL-1122 后下片里 × 1 160/84A

DL-1122 前下片里 × 2 160/84A

■ 生产工艺单编制

服装生产工艺单

难度等级

客户：AS			组别：	
制单号：			纸样号：	
款式名称：褶裥风衣			面料：	

规格表（度量单位：cm）				
部位名称 \ 尺码	155/80A	160/84A	165/88A	
衣长	83	85	87	
胸围	90	94	98	
腰围	76	80	84	
肩宽	37	38	39	
袖长	62.5	64	65.5	
袖口	21	22	23	
领高	13.5	13.5	13.5	

季节：秋季
款号：DL1122
制单数：
款式图：

唛头位置：

特种设备：

辅助工具：

针类：11号　　针码：13针/3cm

对条对格要求：

裁床注意事项： 1. 裁片注意色差、色条、破损。
2. 纱向顺直，不允许有偏差。
3. 裁片准确，两层相符。
4. 刀口整齐，深0.5cm。

工 艺 编 制

黏衬位置： 挂面、袖口、领面、领角、下摆、袋盖

工艺要求：

前身： 前片公主线拼合，缝头倒向大身并压0.6cm明线。前下片在腰部打3个褶，褶量0.6cm。与中腰拼合后在正面缉0.6cm明线，左右各钉一个腰袢。门襟顺直，止口不反吐。下摆抽细褶后与里布拼接。

后身： 后片公主线拼合，缝头倒向大身压0.6cm明线。再与后育克拼合，缝头倒向上衣片并压0.6cm明线。下片打6个褶，褶量6cm，与中腰拼合，正面缉0.6cm明线，后中钉腰袢。下摆抽细褶后与里布拼接。

领子： 顺次按刀眼对位点缝合，褶量为3.5cm，要求左右对称，两端整齐，领面平服、领子松紧适宜。

袖子： 袖子长短，袖口大小、宽窄一致，袖口不外翻，袖山吃势均匀，使其外形饱满圆顺，无起吊现象。底线松紧适宜。

工艺编制：　　　　　编制日期：　　　　　工艺审核：　　　　　审核日期：

过程五：样衣制作

（一）缝制工艺流程

准备工作——前衣片拼合——后衣片拼合——拼合里布前、后衣片——缝制前门襟——拼合衣片面的侧缝和肩缝——拼合衣身里的侧缝和肩缝——做袖——绱袖——面里拼合——做领——绱领——整理。

（二）具体缝制工艺步骤及要求

1. 准备工作

（1）在正式缝制前需选用相应的针号和线，调整好底、面线的松紧度及线迹密度。

针号：11 号或 14 号。

用线与线迹密度：14～16 针/3 cm，面、底线均用配色涤纶线。

（2）黏衬及修片

先将衣片与黏衬小烫固定。注意黏衬比裁片要略小 0.2 cm 左右，固定时不能改变布料的经纬向丝缕。

过黏合机后，摊平放凉，重新按裁剪样板修建裁片。

2. 前衣片拼合（图 3-2-21）

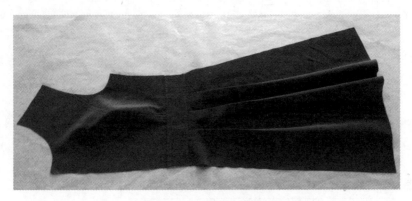

图 3-2-21　前衣片拼合

- 拼合前上片前公主线：要求刀眼对齐，缝头倒向前中，正面缉 0.6 cm 明线。
- 前下片按照刀眼位置固定褶裥，倒向侧缝。
- 拼合前上片、中腰片和前下片。在中腰片上缉 0.6 cm 明线。
- 做腰襻。按照净样画出净缝线，车缝后修剪缝份至 0.6 cm，翻转后缉 0.6 cm 明线。
- 车缝固定前腰襻。

3. 后衣片拼合（图 3-2-22）

- 拼合面料后衣片的公主线。要求对准刀眼，缝头倒向后中，在正面缉 0.6 cm 明线。
- 拼合后育克。拼合后缝份向上倒，正面压 0.6 cm 明线。
- 后下衣片打褶。按照刀眼固定褶裥，褶向倒向两侧。
- 衣片上下拼合。拼合后在中腰片上缉 0.6 cm 明线。
- 车缝固定后腰襻。

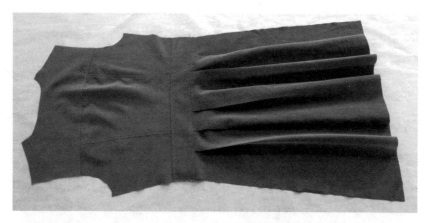

图 3 - 2 - 22　后衣片拼合

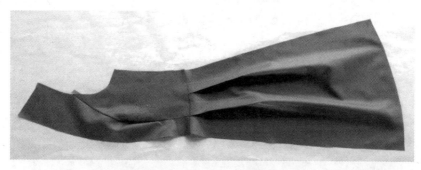

图 3 - 2 - 23　拼合前身里布上下衣片

4. 拼合里布前、后衣片

● 拼合前片里布公主线。缝份 1 cm,然后将缝份倒向侧片烫倒,要求坐缝 0.3 cm。

● 前下片里布打褶。按照刀眼固定褶裥。

● 拼合前身里布上下衣片。如图 3 - 2 - 23 所示。

● 拼合后片里布公主线。缝份 1 cm,然后将缝份倒向侧片烫倒,要求坐缝 0.3 cm。

● 拼合后领贴。

● 后下片里布打褶,褶向倒向侧片。

● 拼合后身里布上下衣片。如图 3 - 2 - 24 所示。

5. 缝制前门襟

● 拼合挂面与前片里布。对准腰节刀眼,缝份 1 cm,在弧线部位里布可略吃 0.3～0.5 cm。

● 车缝门襟止口。缝份 1 cm,要求拼缝顺直。

● 车门襟止口暗线。翻到正面,在挂面上车 0.1 cm 暗止口线。

● 整烫止口线。要烫出里外匀,不能有虚边。如图 3 - 2 - 25 所示。

6. 拼合衣片面的侧缝和肩缝

缝份 1 cm,拼缝顺直,分缝烫平。

图 3-2-24　拼合后身里布上下衣片

图 3-2-25　整烫止口线

7. 拼合衣身里的侧缝和肩缝

缝份 1 cm,按 1.2 cm 的缝份折烫,倒向后片。

8. 做袖

● 缝制袖口松紧带。松紧带长 20 cm,松紧带放在面料反面,按照刀眼位置一边先固定,拉直松紧带车缝固定。如图 3-2-26 所示。

● 缝合面布袖底缝。缝合后将缝头分开烫平。

● 缝合里布袖底缝。一只袖子的袖底缝留口,长 15 cm 左右。

● 缝合面里袖口线。

9. 绱袖

● 缝合面布袖子与袖窿。缝份 1 cm,袖山刀眼对准肩缝,袖底十字档对准。要求装袖圆顺,无细褶,左右对称。

图 3 - 2 - 26　缝制袖口松紧带

- 缝合里布袖子与袖窿。缝份 1 cm，刀眼对准。

10. 面里拼合（图 3 - 2 - 27）

- 面布下摆抽细褶。放大针距，距底摆 0.8 cm 处跑一道线，抽缩至里布下摆等长。
- 缝合面布与里布下摆，侧缝对准。

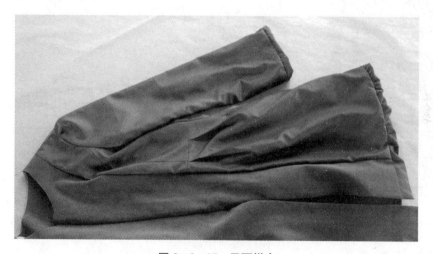

图 3 - 2 - 27　里面拼合

11. 做领

- 领面打褶。前领与后领领面按照刀眼位置打褶。
- 拼合领面和领里。在领里上画出净样线，按净样线车缝，修剪缝头至 0.6 cm，翻转后压 0.1 cm 暗止口。
- 领口固定。如图 3 - 2 - 28 所示。
- 固定前领与后领。按照刀眼位置车缝固定前领与后领。如图 3 - 2 - 29 所示。

图 3 - 2 - 28　领口固定

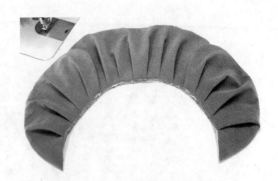

图 3 - 2 - 29　前领与后领固定

12. 绱领

先将衣身面、里反面翻出，正面相对，将做好的领子夹入其中。前中领子装到位，后中、肩缝刀眼对齐。缝份 1 cm，领圈弧线处打剪口。如图 3 - 2 - 30 所示。

13. 整理

● 锁眼钉扣。按照锁钉样板画出眼位，用圆头锁眼机锁眼。

● 整烫。用蒸汽熨斗将止口烫直、烫顺。领子、袖口、下摆处褶裥不要压实。

五、任务反思

（一）学习反思

1. 你掌握了本次任务要求的知识和技能了吗？

2. 通过本次任务的学习，有哪些收获。

3. 在本次任务实施过程中，还存在哪些不足，将如何改进。

（二）拓展训练

按照以下提供的款式图进行款式分析、结构设计、样板制作和样衣制作。

图 3 - 2 - 30　绱领

六、任务评价

评价指标	评价标准	评价依据	权重	得分
款式分析	A：款式图比例准确、造型美观；款式描述到位、详细；各部位规格制定合理。 B：款式图比例较准确；款式描述基本到位；各部位规格制定合理。 C：款式图比例不准确；款式描述不到位；各部位规格制定不够合理。	款式分析报告单 A：8～10分 B：5～7分 C：5分以下	10	
结构设计	A：结构准确，细部规格设计合理，造型美观、线条流畅。 B：结构基本准确，细部规格设计基本合理，线条比较流畅。 C：结构不准确，细部规格设计不合理，线条不流畅。	结构制图 A：16～20分 B：11～15分 C：10分以下	20	
样板制作	A：样板齐全，制作规范、标识齐全。 B：样板齐全，有2处以下制作错误，标识遗漏5处以下。 C：样板不齐全，多处制作错误、标识不齐全。	样板 A：12～15分 B：8～11分 C：7分以下	15	
样衣制作	A：制作完整，成衣感强，外观平整、制作精良，细部处理合理。 B：制作完整，外观较平整、细部处理较合理。 C：制作不完整，外观不平整、细部处理不合理。	样衣 A：20～25分 B：13～19分 C：12分以下	25	
职业素质	迟到早退一次扣2分，旷课一次扣5分，未按值日安排值日一次扣3分，人离机器、不关机器一次扣3分，将零食带进教室一次扣2分，不带工具和材料一次扣5分，不交作业一次扣5分。	.	30	
总分				

项目四　秋冬女大衣制版与工艺

任务一　翻领插肩袖女大衣制版与工艺

一、任务目标

通过本项目学习,你应该:

1. 了解大衣的结构特点和常用面辅料;
2. 能根据插肩袖女大衣的设计稿或款式图进行款式分析,并能描述款式特点;
3. 能根据分析结果制定成衣规格;
4. 能根据款式图或设计稿绘制正面和背面结构图;
5. 能根据款式特点选择结构设计方法并实施;
6. 能根据面料性能和工艺要求进行样板制作;
7. 能按照生产要求进行排料;
8. 能进行面、辅料裁剪;
9. 能进行女大衣工艺单编写;
10. 熟悉大衣工艺制作流程;
11. 能进行大衣后整理操作。

二、任务描述

　　按照提供的插肩袖女大衣款式图或设计稿进行款式分析,分析款式造型、面料特点、工艺方法等,在分析基础上制定成衣各部位规格;然后进行结构设计,要求体现款式特征,结构准确合理,造型比例恰当,线条流畅;在结构设计基础上进行符合企业生产标准的纸样制作,包括面料样板、里布样板、净样板等,要求制作规范,片数完整;根据完成的工业样板进行排料和裁剪,最后进行样衣制作,根据样衣试穿效果进行结构调整。

三、知识准备

（一）大衣概述

大衣是指穿在人体所有衣服外的最外层服装，女装大衣是在借鉴了男装外套的基础上发展并日渐丰富起来的。

大衣的作用在于防风、防寒、防雨、防尘，同时又兼具装饰和礼仪的功能。大衣由于其穿着的季节、场合和功能的不同，在面料的选择上也不尽相同。如防寒的大衣应选择比较厚重的面料；用于防风、防雨的风衣，则选择镀层的面料比较合适；如果是礼仪性的外套，则应选择外观华丽的面料。

（二）大衣的基本构成

同上装一样，大衣的构成元素包括衣身、袖子和领子三大部分。这三个构成元素相互之间按一定比例关系和不同的形态组合构成各种各样的大衣款式。

1. 衣身

（1）长度（图4-1-1）

由于大衣是穿在最外层的服装，因此衣长和衣摆是直接反映流行度的主要部位之一。大衣的长度变化介于人体的大腿中部到脚面，具体长度可依据流行趋势而定。在纸样设计中，应注意无论衣长如何，其下摆的围度都可依据款式特点和流行趋势决定，但其最小极限应大于相应水平位置的人体围度。

短大衣

长大衣

图4-1-1 女式大衣

（2）廓形（图4-1-2）

大衣的廓形变化非常丰富，根据胸围的放松量及胸腰差的大小不同可分为合体型、半合体型和宽松型。

宽松型大衣

半宽松型大衣

合体型大衣

图4-1-2　大衣的类型

2. 袖子(图 4 - 1 - 3)

大衣根据不同的款式特点和风格,所采用的袖型结构非常丰富。可以是一片袖、两片袖,也可以是连身袖、插肩袖以及其他各种变化袖型。通常合体型且款式较正规的大衣常采用两片袖的袖型,半合体型和宽松型的大衣袖型选择则比较自由。

连身袖　　　　　　　　　　　半插肩袖

图 4 - 1 - 3　袖子的变化

3. 领子(图 4 - 1 - 4)

衣领的变化是大衣款式变化的主要元素之一。大衣的领型选择范围很广,无领、立领、翻领、驳领都可以。

拿破仑式大衣领　　　　　　　　翻领　　　　　　　　　立领

图 4 - 1 - 4　领子的变化

(三)大衣常用面料

大衣是一种既有保暖性,又有装饰性的服种,造型庄重、大方。按穿着季节不同,大衣可划分为春秋大衣和冬大衣两类,面料的选择各有不同的要求。

1. 春秋大衣面料的选择

春秋大衣有较强的装饰性,其功能和风衣类似,但整体要比风衣高档,更比冬季大衣气派,当前在国内外都很流行。它的面料要求柔软、挺括、高雅。主要选用各种精纺呢绒,如女衣呢、人字呢、直贡呢、华达呢、板司呢、巧克丁等,也可选用粗纺花呢和毛晴格子呢等。

2. 冬大衣面料的选择

冬大衣主要作用是御寒,但也要考虑到它的装饰性。面料除了要求柔软、挺括、高雅以外,还要求有较强的保暖性。冬大衣面料有高、中、低档之分。一般高档的冬大衣面料有羊绒烤花呢、马海毛、全毛大衣呢、立绒大衣呢、雪花呢、顺毛大衣呢、平厚大衣呢等,中档面料有还李斯、法兰绒、女衣呢,低档面料有粗花呢、毛晴格子呢、腈纶膨体花呢等。

（四）插肩袖结构设计

1. 插肩袖结构设计要素

插肩袖是将袖子的一部分插入衣片,所以袖子与衣片会相互影响,相互制约。插肩袖的制图关键是控制以下几点。

（1）袖中线倾斜度

袖中线的倾斜是指袖中线与上平线的夹角,此夹角取45°为最基本的角度。此角度既美观,又结合了人体手臂运动的机能性。根据这个原理,在画插肩袖的袖中线时,大多采用45°;若需要更多的活动量,则小于45°(A与B之间),而若需要袖子合体,袖下褶皱较少时,则大于45°(B与C之间)。

考虑到后肩的厚度,后片的斜度在45°角的基础上抬高1 cm,又因袖子肩头部需要一定的厚度与圆势,以符合手臂的形状,要将衣片的肩线水平延长0~3 cm。如图4-1-5所示。

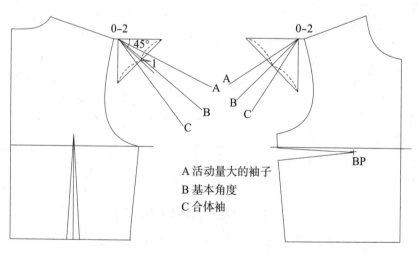

图4-1-5　袖中线不同倾斜度

（2）袖山高度

袖子原型的袖山高度约13 cm,对应袖中线的斜度为45°。袖中线的斜度增加,袖子合体,袖山高度增加;袖中线的斜度减少,袖子宽松,袖山高度减少。

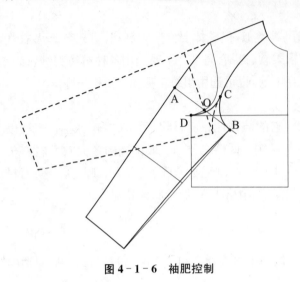

图 4 - 1 - 6　袖肥控制

（3）袖肥

如图 4 - 1 - 6 所示。首先根据袖山高取 A 点,然后过 A 点作袖中线的垂线,这条线就是袖肥线。量取 CD 长,在袖肥线上找到 B 点,使 CD＝BC,则 AB 之间的距离就是袖肥大。袖山高的大小由款式决定,袖山高越小,袖肥越大;反之,袖山高越大,袖肥越小。而前后基点 C 的高低是由服装款式、面料等情况决定。款式宽松,面料悬垂线好的,基点 C 可以取得高一点,一般取在胸围线上 2～5 cm;而款式合体,面料较硬挺的,则 C 点取得低一点为宜,

一般取在胸围线上 0～2 cm 处。这是因为基点越高,袖子的宽度越大,在袖下放入的袖子活动量就越大,袖子的活动机能性就越好。另外,取基点时要注意前片要比后片低一点,这是为了符合人体手臂向前运动的方向性。

2. 插肩袖结构制图方法

（1）角度法

后片画法,如图 4 - 1 - 7①所示。

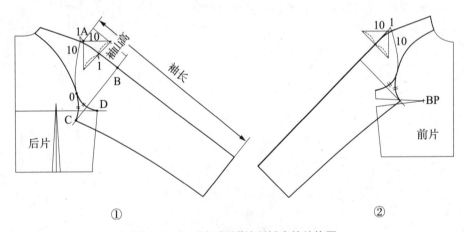

① ②

图 4 - 1 - 7　"角度法"绘制插肩袖结构图

● 画出袖子与衣身的分割线,要求造型美观,线条圆顺。

● 过肩点画一条水平线,离开肩点 1 cm 取得 A 点。

● 过 A 点分别作一条水平线和垂直线,在各自线段上取 10 cm。

● 量取斜边的中点,向上抬 1 cm 定点,连接 A 点并延长,为插肩袖的袖中线,与上平

线的角度大约为 42°。

- 在袖中线上量取袖长，作袖中线的垂线，为袖口线。
- 在袖口线上量取后袖口大，定点。
- 从 A 点开始沿着袖中线量取袖山高 AB，过 B 点作袖中线的垂线，为袖肥线。
- 在袖肥线上量取 OC=OD。
- 连接 C 点和袖口大点，画顺。

前片插肩袖画法和后片相同，只是袖中线斜度比后片稍大，前片没有在直角三角形斜边的中点上抬，直接取中点和肩点 A 连接，角度为 45°。如图 4-1-7②所示。

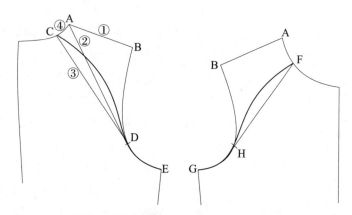

图 4-1-8　"搬移法"绘制插肩袖结构步骤图

（2）搬移法

搬移法就是把衣身分割部分直接搬到袖子上去。

- 首先在衣身上画好分割线形状，造型美观，线条流畅。如图 4-1-8 所示。
- 作出一片袖结构，将袖口的袖中线往前片方向偏移 2.5 cm。
- 在袖窿弧线上取得分割线和袖窿弧线的交点 D 和 H，在袖山弧线上取得对应的 D′和 H′。
- 量取后袖窿弧线的 DB（直量）长，在后袖山弧线上量取 D′B′（直量）=DB。
- 量取前袖窿弧线 HB（直量）长，在前袖山弧线上量取 H′B″=HB。
- 后袖片作法。以 B′点为圆心，以 AB 长为半径画弧；以 D′点为圆心，以 AD 长为半径画弧，两条弧线的交点为 A′点。
- 以 D′为圆心，以 CD 长为半径画弧；以 A′点为圆心，以 AC 为半径画弧，两条弧线的交点为 C′点。

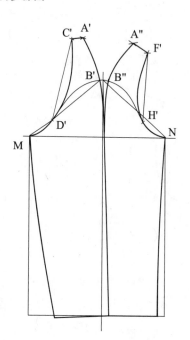

图 4-1-9　"搬移法"绘制插肩袖结构步骤图

- 连接 D′C′,中间的凹量与衣身相同,画顺线条;连接 C′A′;弧线连接 A′B′至袖中线,完成后袖片制图。如图 4-1-9 所示。
- 前袖片作法同后袖片。

思考:

　　分析以上两种插肩袖结构设计方法,请说出两种方法的优点和缺点,这两种方法分别适用于哪种情况?

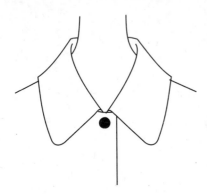

图 4-1-10　翻领结构示意图

(五)翻领结构设计

　　翻领是指后面有领座,而前面沿着翻折线自然消失的关门领。翻领根据衣片领圈开口的大小、领座的高低、领宽的大小、领尖的形状以及所使用材料的不同有很多种变化,使用范围也非常广泛。如图 4-1-10 所示。

　　在做翻领结构设计前,要先确定领座和翻领尺寸。

　　设领座 a=3 cm,翻领 b=9 cm

- 根据横开领和领深大小作出前领圈。
- 以(横开领-0.8a)为半径画领基圆。
- 过翻折点做一条与领基圆相切的直线,为翻折线。如图 4-1-11①所示。

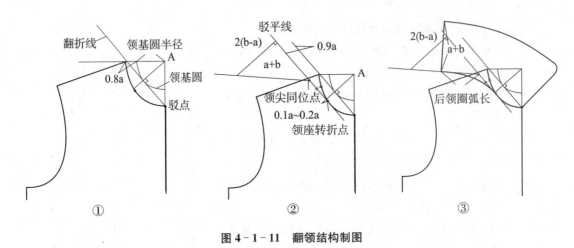

图 4-1-11　翻领结构制图

- 距离翻折线 0.9a 画平行线,为驳平线。
- 领座转折点。过 A 点作翻折线的垂线与驳平线相交,距离交点 0.1a～0.2a 的位置定点,为领座转折点。
- 领肩同位点。肩点的对应点,装领时该点要和肩缝对齐。
- 计算倾倒量。在驳平线上从领肩同位点向上量取 a+b(领座加翻领高)定点,过该点作垂线,在垂线上取倾倒量 2(b－a),与领肩同位点用直线连接,为下领口线。如图 4－1－11②所示。

- 在下领口线上量取后领圈弧长,作垂线,为后领中线。
- 在后领中线上量取领座和翻领总高,即 a＋b。
- 画顺领下口弧线。
- 根据款式要求做领型设计。如图 4－1－11③所示。

四、任务实施

过程一：款式分析

1. 款式外观

本款为冬装大衣的典型款式,没有过多装饰,前肩搭布和后披肩的运用以及长线条、缉明线的设计使本款大衣略带有军装的味道,造型简洁硬朗,体现了现代女性的干练和优雅。

本款大衣为合体修身造型,腰部采用腰带装饰。前片公主线分割,分割线上缉明线;侧片有袋片袋,袋口布为袋盖造型,折转后固定;门襟为暗门襟结构,第一颗扣子为明扣,其余为暗扣;左右各设肩搭布。后片公主线分割,在后中片缉明线,后中分割线在两边缉明线,后中下摆开衩以门襟形式锁眼钉扣;后片上有披肩布。领子为翻领结构,领止口缉明线。袖子为插肩袖结构,袖型较合体。

2. 尺寸分析

以国家服装号型规格为标准,160/84A。

本款上衣着装状态,如图 4-1-12 所示。

(1) 衣长:本大衣为长大衣,衣长至小腿中部,膝盖下 18 cm 左右,衣长尺寸为 38+56.5+18+1.5(调节值)=114 cm。

(2) 胸围:本款大衣为合体造型,由于大衣是穿在最外层的服装,在设计胸围尺寸时要考虑内衣的厚度,同时大衣的面料较厚,因此本款大衣胸围松量为 16 cm,胸围尺寸为 100 cm。

(3) 肩宽:在人体肩宽尺寸上加 2 cm,为 40 cm。

(4) 袖长:大衣的袖子要稍长,取 59 cm。

(5) 腰围:本款大衣为 X 造型,为突出合体服装的收腰效果,本款胸腰差设计为 16 cm,腰围尺寸为:100-16=84 cm。

(6) 领座高:翻领的领座一般在 3～4 cm 之间,本款取3.5 cm。

(7) 翻领高:6.5 cm。

(8) 叠门宽:2.3 cm。

(9) 口袋长:17 cm。

(10) 袖口大:大衣的袖口相应也较大,取 14 cm。

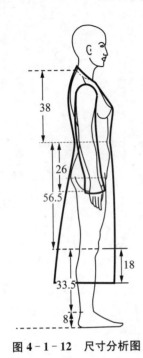

图 4-1-12　尺寸分析图

3. 办单图填写

办单图(尺寸表)			
品牌：AS	季节：秋装		日期：6/2011
设计师：	款号：DL－1111		布料：

款式图

尺寸表：

上衣：

前中长		后背宽		前夹弯		袋位	
后中长	114	腰直		后夹弯		上袋(高×宽)	
肩宽	40	前领深		夹直		下袋(高×宽)	
胸围	100	后领深	2.5	袖长	59	腰带(长×宽)	
腰围	84	前领弯		袖脾(夹下1寸)		腰耳(长×宽)	
坐围		后领弯		袖口阔	14	搭位	
脚围		领宽(骨对骨)		袖衩		拉链长	
前胸宽							

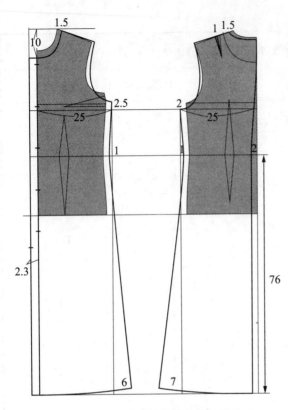

图 4 - 1 - 13　使用模板进行框架设计

过程二：结构设计

1. 使用模板进行框架设计（图 4 - 1 - 13）

胸省量设计。本款大衣为合体修身造型，胸部要塑造一定的立体感，设计胸省量为 2.5 cm。把余下的胸省量转移到袖窿，形成袖窿松量。

后中缝在腰节处收掉 2 cm，画顺后中弧线。

本款的胸围尺寸为 100 cm，前后胸围各 25 cm。

袖窿深在模板基础上开深 2 cm。画出袖窿弧线。

后横开领为 9 cm，在模板横开领基础上加大 1.5 cm。后直开领在模板基础上相应降低，画顺后领圈弧线。

大衣的直开领要开深些，取 10 cm。

肩部结构设计。可以在插肩袖的分割线上转移 1 cm 肩省量，剩下的肩省量在肩宽处去掉。肩端点抬高 0.5 cm。

2. 结构设计（图 4 - 1 - 14）

（1）后片

● 后插肩袖制图。在肩端点做一个边长为 10 cm 的直角三角形，在斜边上的中点往上 1 cm 定点。连接肩端点，为袖中线。

● 量取袖长 59 cm，做袖中线的垂线，为袖口线，取袖口大 14＋1＝15 cm。

● 取袖山高 15 cm（设计袖肥值为 18 cm，如果有偏差，可调整袖山高）。

● 画出插肩袖大身分割线。

● 取袖底两段弧线等长，定出袖肥大。

● 连接后袖肥大和袖口大点，中间凹进画顺。

● 距离袖口 8 cm 处画袖襻造型。

● 后侧缝线。腰节处收进 1 cm，下摆放出一定的量。衣长越长下摆越大，摆围大小要根据款式具体分析。

● 后片分割线。后腰省 2.5 cm。分割线造型和位置根据款式设计，要求线条圆顺，造型美观。下摆的交叉量也是摆围量，交叉越多摆围越大。

● 后中开衩。开衩的目的一是美观，二是为了活动方便。从这个意义上说，开衩长一般到膝盖以上。本款设计衩长为 40 cm，宽为 10 cm（根据具体的工艺分析）。

- 后领贴高 8 cm，肩缝处宽为 4 cm。
- 设计后披肩的造型。

（2）前片

- 前插肩袖制图。在肩端点做一个边长为 10 cm 的直角三角形，斜边上中点与肩端点连接，为袖中线。
- 量取袖长 59 cm，做袖中线的垂线，为袖口线，取袖口大 14−1＝13 cm。
- 取袖山高 15 cm，袖山高取值一定要和后片相等。
- 画出插肩袖大身分割线。
- 取袖底两段弧线等长，定出袖肥大。
- 连接前袖肥大和袖口大点，中间凹进画顺。
- 侧缝线。腰节处收进 1 cm，下摆根据造型放出一定的量。
- 前片分割线。前片腰省为 2.5 cm，根据款式造型设计分割线造型和位置，要统筹兼顾。

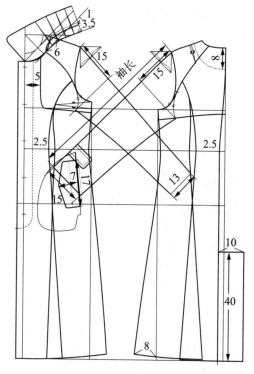

图 4 - 1 - 14 结构设计

- 袋位。一般袋位在腰节下 7～8 cm，大衣可稍下，可在腰节下 10～12 cm 处。口袋长 17 cm，画出袋口布造型。
- 前肩搭布。根据款式设计肩搭布造型。
- 定出门襟纽位。大衣的最后一颗扣子最低可位于双手自然下垂的位置。
- 画出门襟缉线形状。

（3）翻领

- 设计领座高 3.5 cm，翻领高 6.5 cm。
- 制图方法参照知识准备中"翻领结构设计"。
- 为了使领子翻折更圆顺，更贴合人体颈部，在翻领上做挖领脚处理。领脚分割线画法：后中从翻折线向下取 1 cm，前片从肩缝向前 6 cm，过两点用弧线连顺。
- 作折叠缝。在侧颈点附近作 3～4 条领脚分割线的垂线，各折叠 0.3～0.5 cm 的量，具体可根据款式造型和面料特性灵活设计。

过程三：样板制作

1. 面布样板制作

（1）衣身样板制作（图 4 - 1 - 15）

前侧片省道合并。

放缝要考虑面料的厚度，厚的面料要多放。后中放缝 2 cm，其余放缝 1.2 cm。下摆贴边 5 cm。

臀围、腰围、胸围做刀眼。

（2）袖子样板制作（图4-1-16）

后袖片的肩省合并，修顺，放缝1.2 cm，袖口贴边5 cm。

分割线做出与大身对位刀眼。

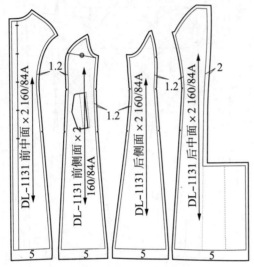

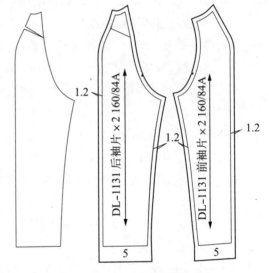

图4-1-15　衣身样板制作　　　　　图4-1-16　袖子样板制作

（3）部件样板（图4-1-17）

- 领子样板处理。按领脚分割线把领子分为上领和领脚，折叠后修顺。上领与领脚拼接处放缝1 cm，其余放缝1.2 cm。
- 因为大衣的面料较厚，前肩搭布和后披肩布的里层采用里布制作。面布放缝1.2 cm。
- 挂面在肩缝处宽4 cm。四周放缝1.2 cm。
- 腰带中间为对折线，四周放缝1.2 cm。
- 后领贴的肩缝宽同挂面，后中高为8 cm，四周放缝1.2 cm。
- 袋盖里层采用里布制作，面布放缝1.2 cm。

2. 里布样板制作（图4-1-19）

里布样板在面布样板的基础上制作。

- 前中里布样板。按挂面净缝线放出1.2 cm，分割线放0.3 cm坐缝。一般大衣里布的下摆不和面料下摆拼合，为了防止里布露出影响外观，里布比下摆净缝线短1～2 cm。
- 前侧片里布的侧缝、分割线放0.2 cm坐缝，下摆在净缝线的基础上上抬2 cm。
- 后中里布样板。领圈去掉后领贴后放缝1.2 cm，分割线放0.3 cm坐缝。后开衩成品示意图，如图4-1-18所示，开衩处里布挖掉5 cm。
- 后袖里布样板。肩部去掉后领贴后在净线上放缝1.2 cm。袖口在净缝线上放1 cm，其余放0.2 cm坐缝。

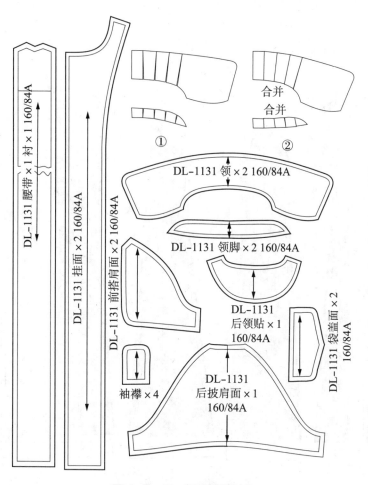

图 4-1-17 部件样板制作

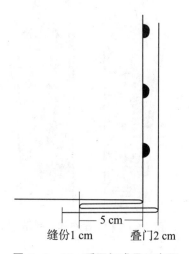

图 4-1-18 后开衩成品示意图

● 前袖里样板。肩部去掉挂面后在净线上放缝1.2 cm,袖口在净缝线上放 1 cm,其余放 2 cm 坐缝。

● 暗门襟里布根据实际长度和宽度制作。

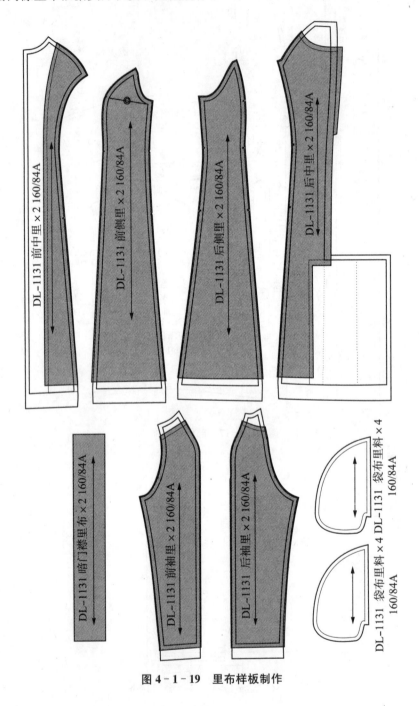

图 4-1-19　里布样板制作

3. 净样板制作(图 4‑1‑20)

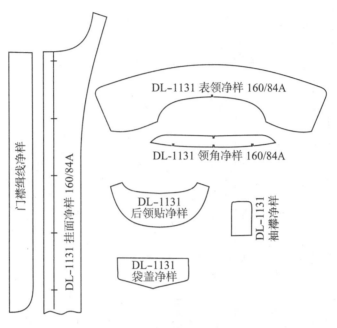

DL‑1131 表领净样 160/84A

DL‑1131 领角净样 160/84A

DL‑1131 后领贴净样

DL‑1131 袖襻净样

DL‑1131 袋盖净样

门襟缉缝线净样

DL‑1131 挂面净样 160/84A

图 4‑1‑20 净样板制作

4. 黏衬样板制作(图 4‑1‑21)

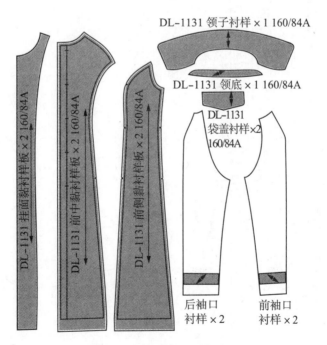

DL‑1131 领子衬样 × 1 160/84A

DL‑1131 领底 × 1 160/84A

DL‑1131 袋盖衬样 × 2 160/84A

DL‑1131 挂面黏衬样板 × 2 160/84A

DL‑1131 前中黏衬样板 × 2 160/84A

DL‑1131 前侧黏衬样板 × 2 160/84A

后袖口 衬样 × 2

前袖口 衬样 × 2

图 4‑1‑21 黏衬样板制作

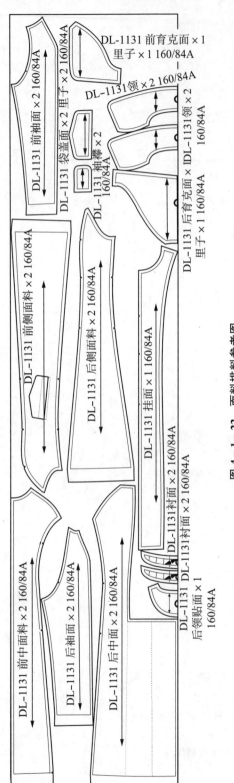

DL-1131 前育克面 ×1
里子 ×1 160/84A

DL-1131领 ×2 160/84A

DL-1131 前袖面 ×2 160/84A

DL-1131 前袖里子 ×2 160/84A

DL-1131 袋盖面 ×2 里子 ×2 160/84A

DL-1131 袖襻 ×2 160/84A

DL-1131 后育克面 × IDL-1131领 ×2 里子 ×1 160/84A 160/84A

DL-1131 前侧面面料 ×2 160/84A

DL-1131 后侧面面料 ×2 160/84A

DL-1131 挂面 ×1 160/84A

DL-1131衬面 ×2 160/84A

DL-1131衬面 ×2 160/84A

DL-1131 前中面面料 ×2 160/84A

DL-1131 后袖面 ×2 160/84A

DL-1131 后中面面料 ×2 160/84A

DL-1131 DL-1131领贴面 ×1
后领贴面 ×1 160/84A

图 4 - 1 - 22 面料排料参考图

过程四：样衣制作

■ 排料与裁剪

1. 面料排料参考图，如图 4 - 1 - 22 所示。（门幅 144 cm）

2. 里料排料参考图，如图 4 - 1 - 23 所示。

（门幅 144 cm）

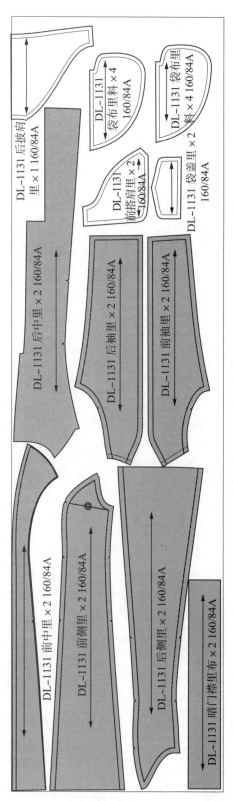

图 4 - 1 - 23　里料排料参考图

■ 生产工艺单编制

服装生产工艺单

难度等级

客户：	组别：
制单号：	纸样号：
款式名称：翻领插肩袖大衣	面料：

季节：秋季
款号：DL1131
制单数：
款式图：

规 格 表（度量单位：cm）

部位名称	尺 码		
	155/80A	160/84A	165/88A
衣长	112	114	116
胸围	96	100	104
腰围	80	84	88
肩宽	39	40	41
袖长	57.5	59	60.5
袖口	13.5	14	14.5
口袋长	16.5	17	17.5
领座高	3.5	3.5	3.5
翻领高	6.5	6.5	6.5

特种设备：

辅助工具：

针类：14号　针码：14针/3cm

对条对格要求：

暖头位置：

裁床注意事项： 1. 裁片注意色差、色条、破损。
2. 纱向顺直，不允许有偏差；
3. 裁片准确，两层相符。
4. 刀口整齐，深0.5cm。

工 艺 编 制

黏衬位置：前中片、挂面、袖口、领面、领角、领角、下摆袋盖。

工艺要求

前身：分割线拼缝顺直，正面缉0.6cm明线。
前搭肩左右对称、里布不反车，正面压缉0.6cm明线。袋口平整、袋盖窝服、左右袋对称。腰带宽窄一致、止口顺直、平服、不反吐。暗门襟两颗扣中间固定。

后身：分割线拼缝顺直，正面缉0.6cm明线，后披肩里布不反吐、止口缉0.6cm明线。后开叉烫平后衩0.1cm固定褶位。面里拼缝头分开衩平服不起吊。

领子：翻领按照净样车缝、修剪净缝、翻转烫平、领里坐进0.2cm。拼合领座、任领线条两边缉0.1cm明线、装领刀眼对齐、装领缝头向中缝制圆顺要求。

袖子：按照相应对位点拼合袖中线、大袖片缝在大袖片袖襻，压0.6cm明线。距离袖口8cm处打剪口固定。领口部位对齐、缝制线条顺直、在凹处打剪口，使其剪口顺圆滑。

工艺编制：	编制日期：	工艺审核：	审核日期：

三、样衣制作

（一）缝制工艺流程

准备工作——缝合衣片面的前中片与前侧片——缝制挖袋——暗门襟制作——缝制前门襟——缝制后片和后衩——拼合衣身和袖子——拼合面布前后片——缝制里布——面里拼合——做领——绱领——门襟缉线——锁钉、整烫。

（二）具体缝制工艺步骤及要求

1. 准备工作

（1）在正式缝制前需选用相应的针号和线，调整好底、面线的松紧度及线迹密度。大衣的面料较厚，要选用 14 号机针。

用线与线迹密度：明线 12～13 针/3 cm，面、底线均用配色涤纶线。

（2）黏衬及修片

注意黏衬比裁片要略小 0.2 cm 左右，过黏合机后，重新按裁剪样板修剪裁片。

2. 缝合衣片面的前中片与前侧片

● 沿前中片的门襟止口净线内侧烫上直丝黏衬牵条。如图 4-1-24 所示。

● 拼合前分割线。对准胸围、腰节和臀围线刀眼，缝份 1 cm。要求线迹松紧适宜、无跳针、浮线现象。

● 缝头倒向前中，在正面缉 0.6 cm 明线。图 4-1-25 所示。

图 4-1-24　烫上直丝黏衬牵条

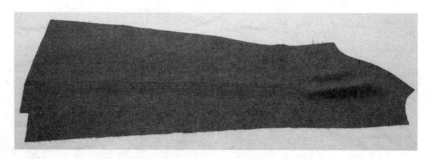

图 4-1-25　在正面缉 0.6 cm 明线

3. 缝制挖袋

● 做袋盖。用净样在袋盖里上画出净缝线，将里布放在面布上，沿边对齐，沿净样车缝三边。车缝袋盖两侧及圆角时，要求：里布要紧，两角要圆顺。修剪缝头至 0.6 cm，翻转烫平，要求止口不反吐，在止口再缉 0.6 cm 明线。如图 4-1-26 所示。

图 4 - 1 - 26　做袋盖

- 车缝袋口。将袋盖、大袋布按衣片袋位净线与衣片车缝,要求准确对齐袋位,袋口两端必须回针固定。如图 4 - 1 - 27①所示。
- 袋位剪口。将袋口线剪成 Y 型,要求三角剪到位,不能剪断车缝线。
- 车缝固定小袋布。袋位剪口的缝份与小袋布缝合。如图 4 - 1 - 27②所示。
- 车缝固定袋盖两端。整理放平袋盖、袋布,在袋盖反面两侧固定。如图 4 - 1 - 27③所示。
- 缝合袋布。车缝两道线固定袋布,如图 4 - 1 - 27④所示。

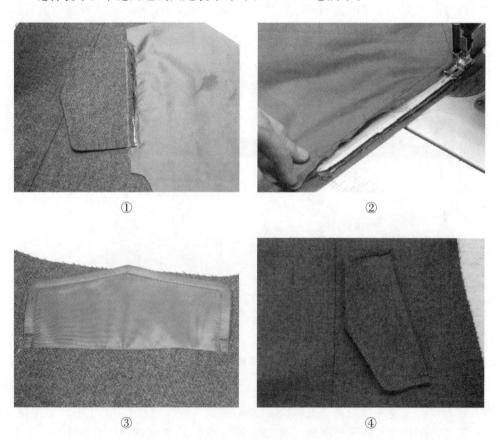

图 4 - 1 - 27　缝制袋盖步骤图

4. 暗门襟制作(4-1-28)

- 挂面车缝暗门襟里布。取一块门襟里布与挂面拼合,正面相对,根据暗门襟长度进行"⊏"字形车缝,宽度为 1 cm。车缝后在角部剪口。如图①所示。

- 将暗门襟里布翻到正面,熨烫暗门襟止口。如图②所示。

- 沿暗门襟止口车缝 0.1 cm 止口,然后在暗门襟上锁眼。如图③所示。

- 挂面与大身正面相对,然后将衣身暗门襟放在上面,车缝固定。如图④所示。

5. 缝制前门襟(4-1-29)

- 缝制门襟止口。将挂面与衣身正面相对,从装领点起沿门襟止口净线车缝至挂面底摆为止。

- 修剪门襟止口缝份。修剪衣片缝份至 0.8 cm 左右,挂面缝份至 0.4~0.5 cm 左右。修剪门襟上端和下端角部的缝份。

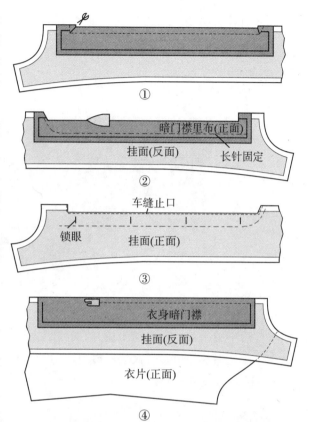

①

暗门襟里布(正面)　挂面(反面)　长针固定

②

车缝止口　锁眼　挂面(正面)

③

衣身暗门襟　挂面(反面)　衣片(正面)

④

图 4-1-28　暗门襟制作步骤

- 熨烫门襟止口。门襟止口烫出里外匀,不能有虚边。完成后门襟如图 4-1-29 所示。

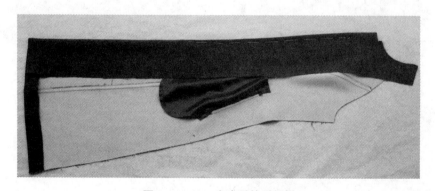

图 4-1-29　完成后的后门襟

6. 缝制后片和后衩

- 拼合后分割线。刀眼对准,缝份 1 cm。缝头倒向后中,正面缉 0.6 cm 明线,要求线迹松紧适宜、无跳针、浮线现象。

● 拼合后中线。缝份 1 cm。要求拼缝顺直,无起皱、歪斜现象。

● 底边卷边。下摆用宽约 3 cm 里布斜丝卷边,卷边宽约 0.6 cm。如图 4 - 1 - 30 所示。

● 按图 4 - 1 - 31 所示,熨烫后开衩。

图 4 - 1 - 30　底边卷边

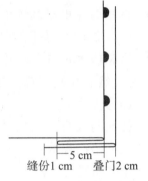

图 4 - 1 - 31　开衩示意图

● 后中缝缉线。后中缝份烫开,两边缉 0.6 cm 明线。

● 固定后衩上口。开衩按照烫痕在边缘车缝 0.1 cm 固定,整理平整后在上口车缝固定。如图 4 - 1 - 32 所示。

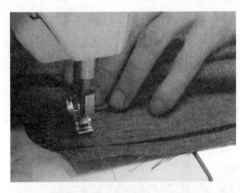

图 4 - 1 - 32　固定后衩上口

图 4 - 1 - 33　固定披肩和后衣片

● 缝制后披肩。披肩里层用里布制作,拼合披肩止口,翻出烫平。

● 固定披肩和后衣片。如图 4 - 1 - 33 所示。

7. 拼合衣身和袖子

● 缝制前搭肩布。搭肩布里层用里布制作,拼合搭肩布止口,翻出烫平,注意止口不能反吐。

- 搭肩布与前衣片固定。
- 拼合衣身和袖子。缝份1 cm,刀眼对准,缝头倒向袖片,在袖子上缉0.6明线,缉线长约13 cm。如图4-1-34所示。
- 后片制作同前片。

图4-1-34 拼合衣身和袖子

8. 拼合面布前后片
- 拼合肩缝及袖中缝。在前袖片固定袖襻。拼合前后片的肩缝及袖中缝,缝份1 cm,拼缝顺直,缝头倒向后片,正面缉0.6 cm明线。
- 拼合袖底缝及侧缝。缝份1 cm,分缝烫开。折烫袖口贴边。如图4-1-35所示。
9. 缝制里布(图4-1-36)
- 拼合前、后身里布分割线,缝头1 cm,缝合后按1.2 cm缝份折烫。
- 拼合里布衣身与袖子。

图4-1-35 拼合袖底缝及侧缝

- 拼合前后身里布。
- 里布下摆卷边1 cm。大衣下摆的里布和面布不拼合,里布下摆要卷边处理。

图4-1-36 缝制里布

10. 面里拼合

● 挂面与前里拼合。缝份1 cm,缝份向侧缝烫到。

● 后衩与里布拼合。缝份1 cm,在转角处里布剪开,不要剪到头,以免里布破损。要求后衩平整,不起吊。如图4-1-37所示。

● 拼合袖底缝和侧缝。缝份1 cm,拼缝顺直,刀眼对准。

● 袖口面里拼合。

图4-1-37　后衩与里布拼合

11. 做领

● 做上领。用净样在领面画出净缝线,按照样板修剪缝头,然后领面、领里正面相对,领外口对齐,领脚两侧领里稍紧,领面按净线外0.1 cm车缝领外口使领脚产生一定的窝势。

● 修剪领子缝份。将领子翻到正面,烫平领止口,要求领里坐进0.2 cm,将领子烫平整,检查领子左右是否对称。如图4-1-38所示。

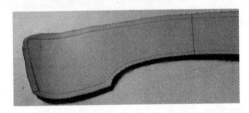

图4-1-38　修剪领子缝份

● 拼合翻领与领脚。将翻领与领脚分割线的缝头修剪成0.6 cm。中间刀眼对齐。领里缝份倒向领脚,在领脚正面缉0.1 cm明线;领面拼合后将缝份烫开,在两侧缉0.1 cm明线。完成后如图4-1-39所示。

12. 绱领

● 拼合领面与挂面。对准肩缝、后中刀眼,缝份1 cm。如图4-1-40①所示。

● 拼合领里与衣身。刀眼对准,缝份1 cm。

● 在烫凳上将缝份分缝烫开。如图②所示。

● 然后将领面与领里的缝头车缝或手工固定。

图 4 - 1 - 39　拼合翻领与领脚

①

②

图 4 - 1 - 40　绱领步骤图

13. 门襟缉线

● 暗门襟锁眼。锁在右片的挂面暗门襟里布上,扣位根据锁钉样板。两颗扣眼间暗门襟开口用线缝住。

● 用门襟缉线样板车缝暗门襟明线,要求线条圆顺,线迹松紧适宜,无接线、浮线现象。如图 4 - 1 - 41①所示。

● 缉门襟止口。将门襟止口烫顺直,缉 0.8 cm 止口。要求止口顺直,宽窄一致。

● 领子止口缉 0.8 cm 明线。如图②所示。

14. 锁钉、整烫(图 4 - 1 - 42)

● 第一颗扣眼为明扣眼,锁在右片大身领口下 2 cm 处。距门襟止口向内 2.5 cm,扣眼大 2.7 cm。

● 袖襻扣眼。左右袖襻各锁扣眼一个,扣眼距袖襻1.5 cm,上下居中。

● 整烫。

15. 缝制工艺质量要求与评分参考标准

● 规格尺寸符合标准与要求。(10 分)

● 领子平挺,两领脚左右对称,领外口不反吐,领面无起皱、起泡。(20 分)

①

②

图 4 - 1 - 41　门襟缉线

- 两袖长短一致,左右对称。(15 分)
- 门襟顺直,止口缉线宽窄一致。(15 分)
- 前片挖袋左右对称,长短一致,止口明线顺直、平服,宽窄一致。(15 分)
- 后背部平服,背缝后开衩顺直,无弯曲和起吊现象。(10 分)
- 下摆卷边宽窄一致。(5 分)
- 各部位熨烫平服,无亮光、烫迹、折痕,无油污、水渍,面里无线头,锁眼位置准确,纽扣与扣眼相对,大小适宜,整齐牢固。(10 分)

图 4 - 1 - 42　锁钉、整烫

五、任务反思

（一）学习反思

1. 你掌握了本次任务要求的知识和技能了吗?

2. 通过本次任务的学习,有哪些收获。

3. 在本次任务实施过程中,还存在哪些不足,将如何改进。

（二）拓展训练

按照提供的大衣款式图进行款式分析、结构设计、样板制作和样衣制作。

六、任务评价

评价指标	评价标准	评价依据	权重	得分
款式分析	A：款式图比例准确、造型美观；款式描述到位、详细；各部位规格制定合理。 B：款式图比例较准确；款式描述基本到位；各部位规格制定合理。 C：款式图比例不准确；款式描述不到位；各部位规格制定不够合理。	款式分析报告单 A：8～10分 B：5～7分 C：5分以下	10	
结构设计	A：结构准确，细部规格设计合理，造型美观、线条流畅。 B：结构基本准确，细部规格设计基本合理，线条比较流畅。 C：结构不准确，细部规格设计不合理，线条不流畅。	结构制图 A：16～20分 B：11～15分 C：10分以下	20	
样板制作	A：样板齐全，制作规范、标识齐全。 B：样板齐全，有2处以下制作错误、标识遗漏5处以下。 C：样板不齐全，多处制作错误、标识不齐全。	样板 A：12～15分 B：8～11分 C：7分以下	15	
样衣制作	A：面料选用合理，制作精良，成衣感强，细部处理合理。 B：面料选用不够合理，制作完整，细部处理较合理。 C：面料选用不合理，制作不完整，细部处理不合理。	样衣 A：20～25分 B：13～19分 C：12分以下	25	
职业素质	迟到早退一次扣2分，旷课一次扣5分，未按值日安排值日一次扣3分，人离机器、不关机器一次扣3分，将零食带进教室一次扣2分，不带工具和材料扣5分，不交作业一次扣5分。		30	
总分				

任务二　双排扣三开身女大衣制版与工艺

一、任务目标

通过本项目学习,你应该:

1. 能运用所学知识对双排扣三开身女大衣的款式图进行分析;

2. 能根据分析结果制定成衣规格;

3. 能根据款式图或设计稿绘制正面和背面结构图;

4. 能综合考虑各方面因素选择结构设计方法并实施;

5. 能根据面料性能和工艺要求进行样板制作;

6. 能按照生产要求进行排料;

7. 能进行面、辅料裁剪;

8. 能进行双排扣三开身女大衣工艺单编写;

9. 熟悉双排扣三开身女大衣工艺制作流程;

10. 能进行后整理操作;

11. 养成对高品质服装执著追求的职业素质。

二、任务描述

　　按照提供的双排扣女大衣款式图或设计稿进行款式分析,分析款式造型、面料特点、工艺方法等,在分析基础上制定成衣各部位规格;然后进行结构设计,要求体现款式特征,结构准确合理,造型比例恰当,线条流畅;在结构设计基础上进行符合企业生产标准的纸样制作,包括面料样板、里布样板、净样板等,要求制作规范,片数完整;根据完成的工业样板进行排料和裁剪,最后进行样衣制作,根据样衣试穿效果进行结构调整。

三、知识准备

　　(一) 领口收省翻驳领结构设计

　　翻驳领的服装当驳领翻转后,驳领下面的衣身容易堆积一些余量,影响服装的外观,比较好的处理方法是在领口处做省道,消除这些余量。具体做法如图 4 - 2 - 1 所示。

● 完成领子制图后,在领口处做一条省道线,为防止驳领翻下后省道露在外面,省道不能直接对准 BP 点,要隐藏在驳领下面。如图①所示。

- 转移部分胸省至领口。如图②所示。
- 调整省道形状，大身的省道边要归缩处理。如图③所示。
- 挂面不需做此处理。

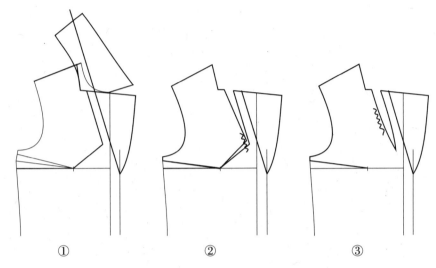

①   ②   ③

图 4-2-1 领口收省翻驳领结构设计步骤图

（二）连挂面领结构设计

连挂面领指领面与挂面连为一体，主要款式为青果领、燕子领。

结构要点是解决领面与挂面的重叠量问题。

制图与样板处理如图 4-2-2 所示。

- 制图方法与其他翻驳领相同。
- 做领里串口线。如图①所示。
- 做挂面。
- 过串口线转折点做一个小方块，把小方块与后领贴拼接，这样就解决了挂面与衣身重叠量问题。如图②所示。
- 后领贴、挂面、领子、前衣片的样板如图③所示。

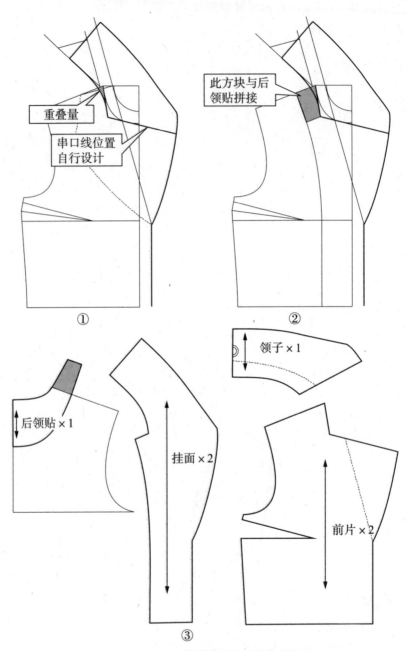

重叠量

串口线位置
自行设计

①

此方块与后
领贴拼接

②

后领贴×1

挂面×2

领子×1

前片×2

③

图4-2-2　连挂面领结构设计与制图

四、任务实施

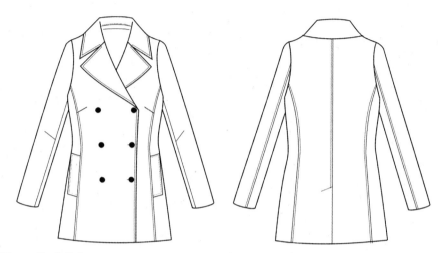

过程一：款式分析

1. 款式外观

本款是冬装大衣的经典款式，设计简洁大方，很多品牌在此款式基础上对领型、袖型及分割线上稍微改变就可以产生很多变化。同时使用不同的面料和辅料，成衣的风格也会随之改变，如使用斜纹棉布及花呢制作体现休闲风格，用精纺呢绒制作就会体现典雅、高贵等风格，适合不同年龄层次的女性穿着。

本款大衣造型较合体，前衣身公主线分割设计。因为分割线离胸高点较远，塑造不出胸部造型，因此在分割线上设计胸省。因为分割线靠近侧缝，造成侧缝面积较小，视觉上不美观，因此将前后侧片拼合在一起，做三开身结构。前身分割线设两个直插袋，袋口装长方形袋口布。后中开衩，左盖右。门襟为双排扣设计，横向纽距约为 10～12 cm。袖子为两片袖结构，在大袖片的袖肘部设计了一个褶裥，成型后的袖子往前的造型比较明显。领子为西装领结构，领面较宽。

2. 尺寸分析

以国家服装号型规格为标准，160/84A。

（1）衣长：本款式为短大衣，衣长比袖子略长。设计衣长在腰围下 26 cm，考虑到大衣穿着特点、面料和人体活动等因素，衣长要加上 2 cm 左右的调节值，那么衣长尺寸为 38（后腰节长）＋26＋2＝66 cm。

（2）胸围：本款大衣造型较合体，适合初秋穿着，比冬装大衣的放松量略小，胸围松量为 12 cm，胸围尺寸为 96 cm。

（3）肩宽：肩宽同人体尺寸，为 38 cm。

（4）袖长：60 cm。

（5）腰围：本款大衣的收腰效果不明显，胸腰差设计为 12 cm，腰围尺寸为 96－12＝84 cm。

（6）领座高：通常设为 3.5 cm。

（7）翻领高：本款大衣领面较宽，取翻领高为 8 cm。

（8）叠门宽：叠门宽的尺寸可以根据双排扣的纽扣间距来计算。本款双排扣左右间距设计为 12 cm，加上纽扣至止口距离 2 cm，则叠门宽为 12/2＋2＝8 cm。

（9）驳头宽：驳头尺寸在制图时根据造型设计，注意造型美观、比例匀称。

（10）袖口大：13 cm。

3. 办单图填写

<table>
<tr><td colspan="7">办单图（尺寸表）</td></tr>
<tr><td colspan="2">品牌：AS</td><td colspan="2">季节：秋装</td><td colspan="3">日期：6/2011</td></tr>
<tr><td colspan="2">设计师：</td><td colspan="2">款号：DL－1132</td><td colspan="3">布料：</td></tr>
<tr><td colspan="7">款式图
</td></tr>
<tr><td colspan="7">尺寸表：</td></tr>
<tr><td colspan="7">上衣：</td></tr>
<tr><td>前中长</td><td></td><td>后背宽</td><td></td><td>前夹弯</td><td></td><td>袋位</td><td></td></tr>
<tr><td>后中长</td><td>66</td><td>腰直</td><td></td><td>后夹弯</td><td></td><td>上袋（高×宽）</td><td></td></tr>
<tr><td>肩宽</td><td>38</td><td>前领深</td><td></td><td>夹直</td><td></td><td>下袋（高×宽）</td><td></td></tr>
<tr><td>胸围</td><td>96</td><td>后领深</td><td>2.5</td><td>袖长</td><td>60</td><td>腰带（长×宽）</td><td></td></tr>
<tr><td>腰围</td><td>84</td><td>前领弯</td><td></td><td>袖脾（夹下1寸）</td><td></td><td>腰耳（长×宽）</td><td></td></tr>
<tr><td>坐围</td><td></td><td>后领弯</td><td></td><td>袖口阔</td><td>13</td><td>搭位</td><td></td></tr>
<tr><td>脚围</td><td></td><td>领宽（骨对骨）</td><td></td><td>袖衩</td><td></td><td>拉链长</td><td></td></tr>
<tr><td>前胸宽</td><td></td><td></td><td></td><td></td><td></td><td></td><td></td></tr>
</table>

过程二：结构设计

1. 使用模板进行框架设计(图4-2-3)

胸省量设计。本款大衣造型较为合体,因此胸部需要一定的合体度,设计胸省量为2.5 cm。把余下的部分胸省量转移至前中,形成劈门。部分转移到袖窿,形成袖窿松量。

后中缝在腰节处收掉1.5 cm,弧线画顺。

本款的胸围尺寸为96 cm,三开身结构通常采用胸围/2制图,前后胸围为:胸围/2+1=49 cm。

袖窿深在模板基础上开深0.5 cm。

后横开领为9 cm,在模板横开领基础上加大1.5 cm。后直开领在模板基础上降低1 cm,画顺后领圈弧线。

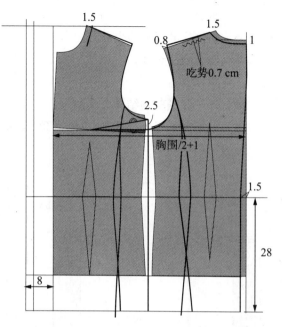

图4-2-3 使用模板进行框架设计

肩部结构设计。肩部没有分割线,肩省无法转移,部分省量采用吃势的办法处理。其余省量肩端点去掉。

2. 衣身结构设计(图4-2-4)

(1) 后片

● 后分割线。省道大3 cm,分割线的位置和造型根据款式要求,三开身的后片分割线一般位于背宽线附近,线条造型弧度不宜过大。下摆需要一定的交叉量放大摆围。

● 后中开衩。衩长20 cm,宽4 cm。

(2) 前片

● 前分割线。因为分割线偏离胸高点较远,省量不能太大,取2 cm。

● 胸省指向BP点,前片做分割后,前中片的胸省根据款式要求做位置调整。

● 叠门8 cm。

● 袋位。袋长15 cm,位置综合设计要求、功能和比例等几方面考虑。

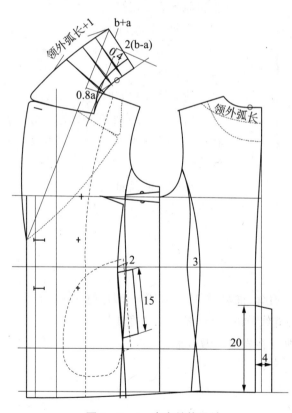

图4-2-4 衣身结构设计

（3）侧片

● 前侧片的省道边合并。

● 前后侧缝合并。

（4）领子

● 领子按翻驳领结构方法制图。

● 为了使领子翻折圆顺，更贴近颈部，领子做领脚设计。

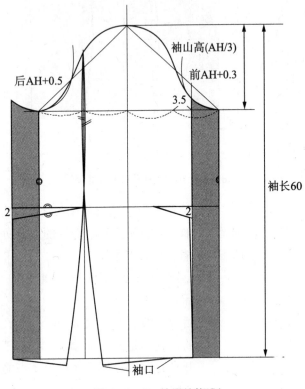

后AH+0.5　　前AH+0.3

袖山高(AH/3)

3.5

袖长60

袖口

图4-2-5　袖子结构设计

3. 袖子结构设计（图4-2-5）

袖子采用在一片袖结构上做两片袖的方法。设计袖肥值为34～35 cm之间。

预设 AH/3 为袖山高，从袖山点量取前 AH＋0.3 cm 和后 AH＋0.5 cm 定出袖肥。测量袖肥值是不是在设计范围内，如误差较大，则需调整袖山高。

画出袖山弧线。袖底部分注意要和袖窿造型相符。

前袖片在前袖肥 1/2 处偏3.5 cm 做分割线，把分割下的袖片与后袖缝线合并。

前袖缝线在袖肘处收2 cm活省。

后袖片在后袖肥 1/2 处做分割，在袖口线上取袖口大，画顺后袖缝线。

小袖的前偏袖线在袖肘做 2 cm 的省道，合并。

过程三：样板制作

1. 面料样板制作

（1）衣身面料样板（图4-2-6）

根据净样板放出毛缝，衣身样板的侧缝、肩缝、袖窿、领口、止口等一般放缝1 cm，下摆贴边宽一般为4 cm。袖子的袖山弧线、内外袖缝线放缝1 cm，袖口贴边宽4 cm。

在胸围、腰围、和臀围线上做出对位刀眼。在省道口做刀眼。

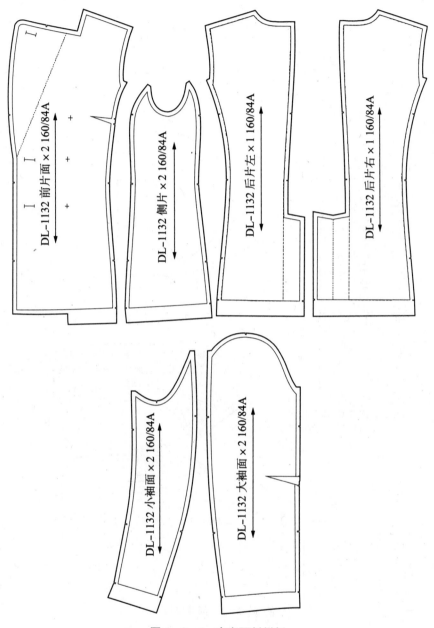

图 4-2-6 衣身面料样板

（2）部件样板（图 4-2-7）

● 挂面样板。挂面在翻折线上口切入 0.3 cm 的翻折存势，下口切入 0.2 cm 的翻折存势。驳头上放出 0.2 cm 的存势至驳头止点。放缝 1 cm。

● 领子按照折线折叠后修顺。在领面的翻折线切入 0.3 cm 的翻折存量，领外口线切入 0.2 cm 的止口存量。四周放缝 1 cm。

● 后领贴的肩缝宽度同挂面。四周放缝 1 cm。

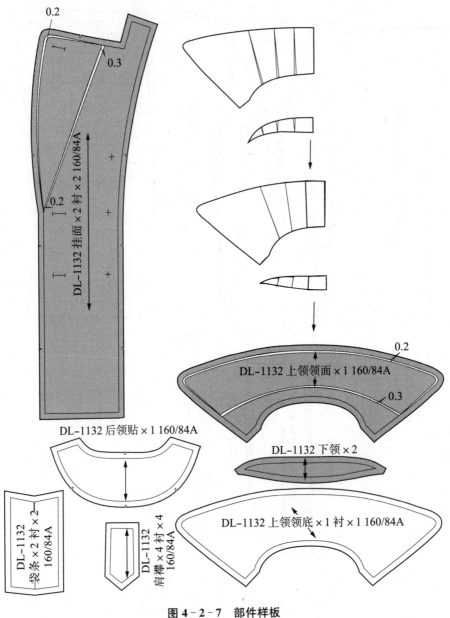

图 4 - 2 - 7 部件样板

2. 里布样板制作(图 4 - 2 - 8)

里布样板在面布样板的基础上制作。

前中里布样板。去掉挂面后,在挂面净缝线基础上放 1 cm,袖窿在肩点处抬高 0.5 cm,下摆在净缝线基础上下落 1 cm,其余各边放 0.3 cm 坐缝。

侧片里布样板。下摆在净缝线基础上下落 1 cm,其余放 0.3 cm 坐缝。

后片里布。本款后片里布要分左右片。右片里布的开衩在后中净缝线上放 1.3 cm。左片里布要去掉衩宽。领口去掉后领贴,在领贴净缝线基础上放 1 cm,后中放 1.5 cm 至腰节线,袖窿在肩点处抬高 0.5 cm,下摆在净缝线基础上下落 1 cm。

大袖片在袖山顶点加放 0.3 cm,大小袖片在外侧袖缝线抬高 0.5 cm,在内袖缝线抬高 0.8 cm,内外袖缝线均放 0.3 cm 坐缝,袖口在净缝线基础上下落 1 cm。

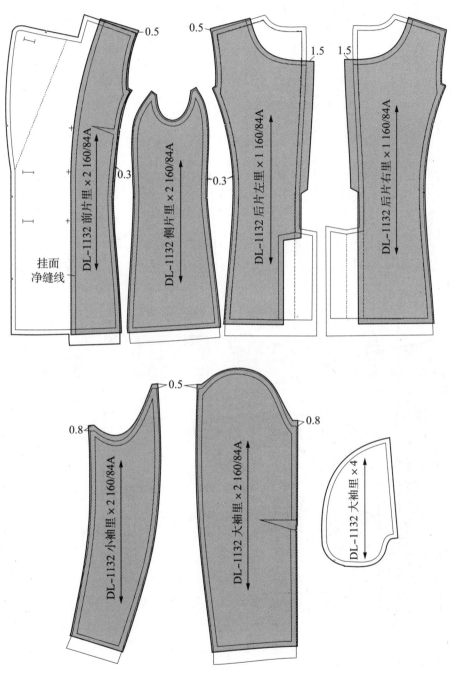

图 4 - 2 - 8　里布样板

3. 黏衬配置

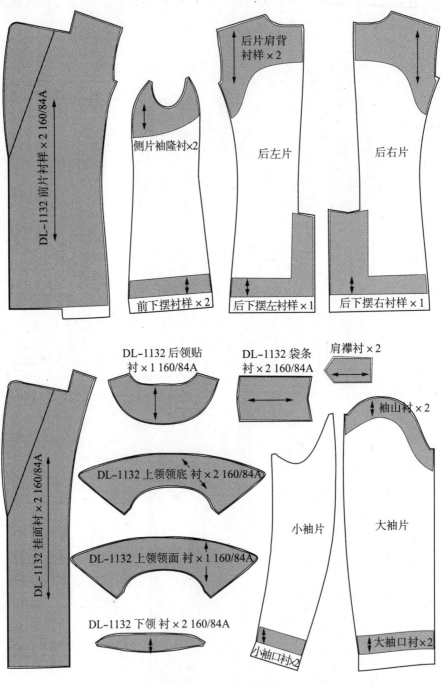

图4-2-9　黏衬样板

过程四：样衣制作

■ 排料与裁剪

1. 面料排料参考图，如图 4-2-10 所示。门幅 140 cm，对折排料，不考虑倒顺毛。

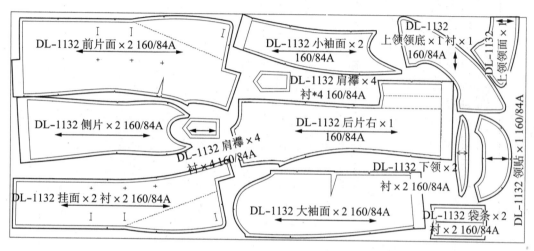

图 4-2-10 面料排料参考图

2. 里料排料参考图如图 4-2-11 所示。门幅 140 cm，对折排料。

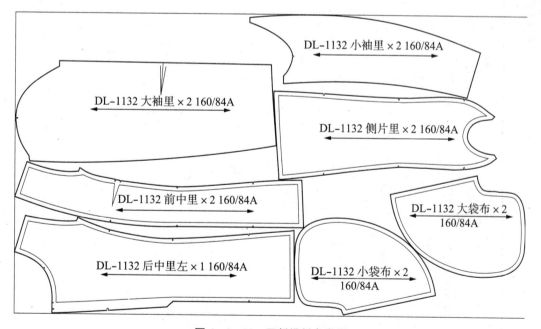

图 4-2-11 里料排料参考图

■ 生产工艺单编制

服装生产工艺单

客户：AS		组别：	季节：秋季
制单号：		纸样号：	款号：DL－1132
款式名称：双排扣女大衣		面料：	制单数：

难度等级

规 格 表（度量单位：cm）　款式图：

部位名称	155/80A	160/84A	165/88A
衣长	64	66	68
胸围	92	96	100
腰围	80	84	88
肩宽	37	38	39
袖长	58.5	60	61
袖口	12.5	13	13.5
口袋长	14.5	15	15.5
领座高	3.5	3.5	3.5
翻领高	8	8	8

特种设备：

辅助工具：

针类：14号　　针码：14针/3cm

对条对格要求：

唛头位置：
后领贴居中，后中下3cm。
主唛左右0.1cm车缝。

工 艺 编 制

黏衬位置：前片、挂面、袖口、领面、领脚、领贴、后背、袖山。

工艺要求：
前身：收胸省后烫平、拼合公主线，刀眼对齐。留出袋位、袋位上下口回针、袋位装袋口布和袋布后正面缉0.6cm明线。止口和挂面拼合后修剪缝份、翻转后翻折点下缉0.1cm止口、烫平、要求止口顺直、驳头翻折平服。

后身：拼合后中缝、缉0.6cm明线至袖权位。拼合分割线，刀眼对齐、缝头倒向后中、正面缉0.6cm明线。开叉平整、无起吊。

领子：拼接翻领线拼合领外口弧线、修剪领头至0.4cm、翻转烫平、领里坐进0.2cm、绱领要求刀眼对齐、转角方正、左右对称。

袖子：大袖片袖肘按刀眼做活褶、外袖缝拼合后在大袖片缉0.6cm明线。绱袖要求吃势均匀、圆顺、左右对称。

裁床注意事项：1. 裁片注意色差、色条、破损。
2. 纱向顺直，不允许有偏差。
3. 裁片准确，两层相符。
4. 刀口整齐，深0.5cm。

工艺编制：　　编制日期：　　　工艺审核：　　　审核日期：

五、任务反思

（一）学习反思

1. 什么情况下要利用三开身结构,三开身结构有什么特点。

2. 请按照本项目任务一的要求完成本款大衣的样衣制作并进行过程记录,填写实习手册。

3. 在完成任务操作过程中,遇到了哪些问题,是如何克服的。

（二）拓展训练

按照提供的大衣款式图进行款式分析、结构设计、样板制作和样衣制作。

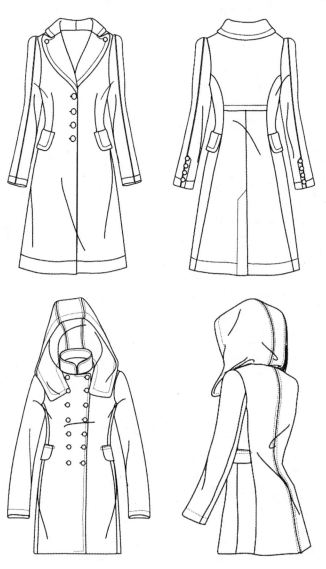

六、任务评价

评价指标	评价标准	评价依据	权重	得分
款式分析	A：款式图比例准确、造型美观；款式描述到位、详细；各部位规格制定合理。 B：款式图比例较准确；款式描述基本到位；各部位规格制定合理。 C：款式图比例不准确；款式描述不到位；各部位规格制定不够合理。	款式分析报告单 A：8～10分 B：5～7分 C：5分以下	10	
结构设计	A：结构准确，细部规格设计合理，造型美观、线条流畅。 B：结构基本准确，细部规格设计基本合理，线条比较流畅。 C：结构不准确，细部规格设计不合理，线条不流畅。	结构制图 A：16～20分 B：11～15分 C：10分以下	20	
样板制作	A：样板齐全，制作规范、标识齐全。 B：样板齐全，有2处以下制作错误、标识遗漏5处以下。 C：样板不齐全，多处制作错误、标识不齐全。	样板 A：12～15分 B：8～11分 C：7分以下	15	
样衣制作	A：面料选用合理，制作精良，成衣感强，细部处理合理。 B：面料选用不够合理，制作完整，细部处理较合理。 C：面料选用不合理，制作不完整，细部处理不合理。	样衣 A：20～25分 B：13～19分 C：12分以下	25	
职业素质	迟到早退一次扣2分，旷课一次扣5分，未按值日安排值日一次扣3分，人离机器、不关机器一次扣3分，将零食带进教室一次扣2分，不带工具和材料扣5分，不交作业一次扣5分。		30	
总分				

任务三 立领连袖女大衣制版与工艺

一、任务目标

通过本项目学习,你应该:

1. 能运用所学知识对立领连袖女大衣的款式图进行分析;
2. 能根据分析结果制定成衣规格;
3. 能根据款式图或设计稿绘制正面和背面结构图;
4. 能综合考虑各方面因素选择结构设计方法并实施;
5. 能根据面料性能和工艺要求进行样板制作;
6. 能按照生产要求进行排料;
7. 能进行面、辅料裁剪;
8. 能进行立领连袖女大衣工艺单编写;
9. 熟悉立领连袖女大衣工艺制作流程;
10. 能进行后整理操作;
11. 养成对高品质服装执著追求的职业素质。

二、任务描述

按照提供的立领连袖女大衣款式图或设计稿进行款式分析,分析款式造型、面料特点、工艺方法等,在分析基础上制定成衣各部位规格;然后进行结构设计,要求体现款式特征,结构准确合理,造型比例恰当,线条流畅;在结构设计基础上进行符合企业生产标准的纸样制作,包括面料样板、里布样板、净样板等,要求制作规范,片数完整;根据完成的工业样板进行排料和裁剪,最后进行样衣制作,根据样衣试穿效果进行结构调整。

三、知识准备

(一)连身袖

1. 连身袖的概念

连身袖,从广义上讲,是指衣身的某些部分和袖子连成一个整体。根据连身袖衣身与袖子相连的关系,可以分为全部相连和局部相连两种。中式连身袖是全部相连袖型的代表性结构,插肩袖是局部相连的代表性结构。

2. 局部连身袖的结构设计

以中性插肩袖为例,它是指插肩袖成型后呈现出中间状态,既不十分贴体也不很宽松的状态。主要把握三项尺寸标准:基本袖山高、袖中线平分肩直角(袖中线从 45°角引出)和前袖隆开度为前乳凸量的 1/2。纸样设计如图 4-3-1 所示。

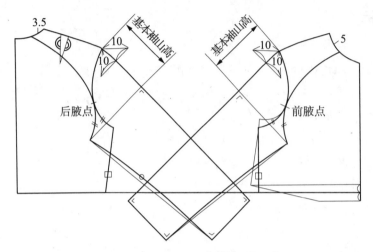

图 4-3-1 局部连身袖的纸样设计

从图 4-3-1 中可以看出,前后片腋下袖子和衣身部分都有重叠量。当人手叉腰时,手臂伸展角度为 45°左右,所以中性插肩袖袖身角度以 45°宜。当手臂上举时,重叠部分使腋下有足够的余量保证手臂能够自如地抬起;当手臂下落时,这些余量就折叠在腋下。可见,腋下重叠量仍是插肩袖运动功能的关键。至于连身袖形式,也就是袖与身相连的量和形状的选择,在结构中表现为互补关系。具体地说袖子增加某种形状的部分,同时在对应的衣身上减掉。这种互补的关系范围是以前后腋点为界的,腋点以上是通过互补关系改变款式,腋点以下是保证稳定的腋下活动量。

3. 连身袖袖裆的结构设计

当插肩袖与大身互补关系达到极限时,就形成了袖子与大身的连体结构。与衣身连裁的袖子没有袖山,没有袖隆也没有腋下余量可以自我调节,这就造成了连身袖的外观造型及运动功能之间的矛盾。如果选择了侧举 90°的袖位,那么腋下有足够的余量保证手臂能够运动自如,但当手臂放下时肩部就会产生不适,产生皱折、肩部吊起和紧绷感;反之如果选择手臂自然下垂的袖位(袖斜度大,肩部有明显的转角),肩部由于手臂倾角的变化而有了足够的余量以使肩部圆顺合体,但同时也就失去了腋下的余量,当手臂抬起时就会产生不适感。

要解决这一问题,首先要选择一个合适的袖斜度,使肩部造型圆顺合体;然后在腋下加入袖裆,使腋下部分得以放松,从而确保手臂的运动自如。可见,袖裆其实起了上述腋下重叠量的作用,所以必须通过连身袖的基本结构来获得必要的参数。

袖裆的宽松结构在国内市场上更多见一些,所以,袖贴体度应小于中式连身袖。如图 4-3-2 所示。

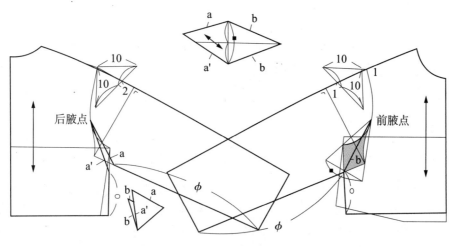

图 4 - 3 - 2　袖裆设计

袖裆设计的步骤如下：

（1）首先复合连身袖的前后内缝线、前后侧缝线，方法是以各自短的尺寸为准截取其他尺寸并确定下来。

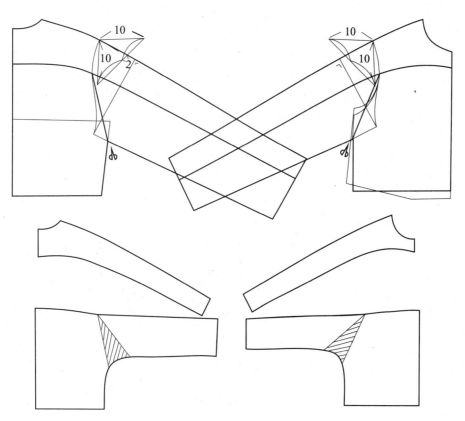

图 4 - 3 - 3　连身袖变体袖裆结构

（2）袖裆插入的位置在袖内缝线和侧缝线交点到前后腋点之间，并以此作为袖裆各边线设计的依据。

（3）袖裆活动量设计是根据前身与袖子重叠部分的两个端点到前腋点的连线，并延至袖内缝线与前侧缝线的汇合点所引出的线段，使其构成等腰三角形，它所呈现出的底边宽度就是袖裆活动量的设计参数。

4. 连身袖的结构变化

上述腋下插角式袖裆增加了工艺难度，造型也不够美观。所以我们自然地想到，通过较隐蔽的方法把腋下重叠量加出来，这就是连身袖的变体袖裆。

（1）腋下切展法

通过剪切的方法把腋下重叠量加出来。为了使腋下剪开后能够展开，必须通过腋点设计分割线。分割线设计的形式有很多，根据需要可设计出不同的款式。图4-3-3所示是典型的连身袖变体袖裆的结构。

（2）腋下插角与衣身连成一体

这是处理连身衣袖服装腋下缝长度不足以改善其运动功能性的一个有效方法。该方法无需使用分离腋下插角片，而是将连身袖衣身的一部分延伸到插角中，形成延伸式插角，以弥补腋下缝长度的不足。许多现代服装款式，特别适合用这种方法，由于延伸式插角比拼插式插角更易于处理，故对具有各种育克或分割线的款式，特别是有从袖隆开始的曲线型分割线的连身袖款式常采用此法改变其运动功能性。这其中的大多数，无论曲线的曲率大或小，其分割线可以从 G 点开始，也可以从其稍高或稍低的地方开始，但这些点必须是在离真正袖隆位置附近的插角线上。图4-3-4说明了具有公主线的服装款式是如何巧妙地将腋下插角与衣身侧片融合在一起。其中 GX＝GU，这样才能保证插入时对位准确。

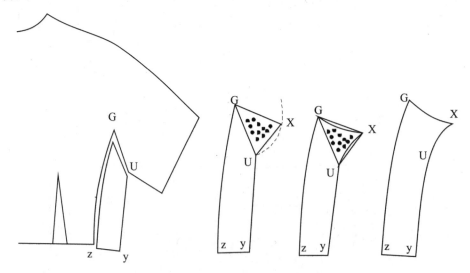

图4-3-4　腋下插角与衣身侧片融合

四、任务实施

过程一：款式分析

1. 款式外观

本款为冬装大衣的常见款式,造型较宽松,呈 H 型廓形,设计简洁,主要体现在袖型和领型的变化上。面料一般采用休闲风格的花呢,如法兰绒、珍珠呢、格子花呢等,适合 30～40 年龄的女性穿着。

本款大衣衣长较短,约在手臂自然下垂的手指关节位置。袖型采用连身袖结构,采用在衣身上分割来处理腋下重叠量,并在前分割线上设挖袋。后中分割,利用分割线在后中收掉部分腰省,后片也采用衣身分割处理腋下重叠量。袖长为 6 分袖,袖口宽大。领子为连立领结构,立领高在 4 cm 左右,前、后片收领省。

2. 尺寸分析

以国家服装号型规格为标准,160/84A。

(1) 衣长:本款大衣的着装图如图 4-3-5 所示。设计衣长在手臂自然下垂的手指关节位置,约在腰节下 30 cm 处,衣长尺寸为 38+30+2(调节量)=70 cm。

(2) 胸围:本款大衣为较宽松造型,胸围松量为 16 cm,胸围尺寸为 100 cm。

(3) 肩宽:在人体肩宽尺寸上加 2 cm,为 40 cm。

(4) 袖长:本款大衣的袖子为 6 分袖,设计袖长在肘部下 8 cm 处,人体的肘长为 32 cm 左右,则袖长为 40 cm。

(5) 领高:本款大衣领子连立领,设计领高为 4 cm。

(6) 袖口大:本款大衣袖口较宽大,设计尺寸为 20 cm。

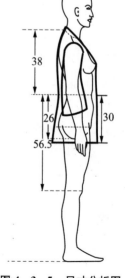

图 4-3-5　尺寸分析图

3. 办单图填写

办单图（尺寸表）		
品牌：AS	季节：冬装	日期：6/2011
设计师：	款号：DL－1132	布料：

款式图

尺寸表：

上衣：

前中长		后背宽		前夹弯		袋位	
后中长	74	腰直		后夹弯		上袋(高×宽)	
肩宽	40	前领深		夹直		下袋(高×宽)	
胸围	100	后领深		袖长	40	腰带(长×宽)	
腰围		前领弯		袖脾(夹下1寸)		腰耳(长×宽)	
坐围		后领弯		袖口阔	20	搭位	
脚围		领宽(骨对骨)		袖衩		拉链长	
前胸宽							

过程二：结构设计

1. 使用模板进行框架设计(图 4-3-6)

胸省量设计。本款大衣的造型较宽松,胸省不宜收的过大,设计胸省量为 2 cm。把余下的胸省量转移到袖窿,形成袖窿松量。

后中缝在腰节处收掉 1.5 cm,画顺后中弧线。

本款的胸围尺寸为 100 cm,前后片的胸围为 25 cm。

袖窿深在模板基础上开深 2 cm。

后领结构。后横开领为 9.5 cm,在模板横开领基础上加大 2 cm,过侧颈点垂直向上。按照款式要求设计领倾斜度,弧线画顺肩线。后领高 4 cm,画顺领口线。

肩部结构设计。因为后领设领省,可以把肩省转移至领口。

前领省。把胸省转移至前领口。

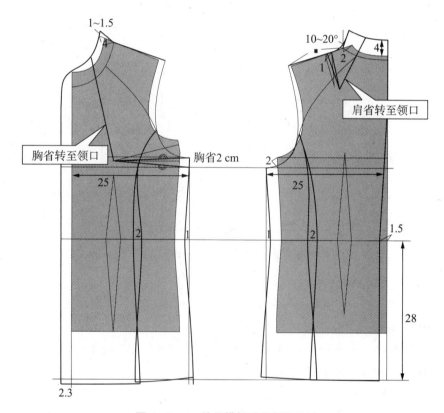

图 4-3-6 使用模板进行框架设计

2. 结构设计(图 4-3-7)

(1) 后片

● 后插肩袖制图。在肩端点做一个边长为 10 cm 的直角三角形,在斜边上的中点向上 1~2 cm 定点。连接肩端点,为袖中线。

● 量取袖长 40 cm,做袖中线的垂线,为袖口线,取袖口大 20+1=21 cm。

- 取袖山高 14 cm（设计袖肥值为 18 cm，如果有偏差，可调整袖山高）。
- 画出插肩袖大身分割线。
- 取袖底两段弧线等长，定出袖肥大。
- 连接后袖肥大和袖口大点，中间凹进画顺。
- 后片分割线。确定后分割线起点 A，要求分割线位置与袖底有放缝空间，同时线条要求圆顺，造型美观。后腰省为 2 cm。
- 肩省转移至领口，调整省外口造型，加入适当的补足量，使领子与颈部有一定空间。

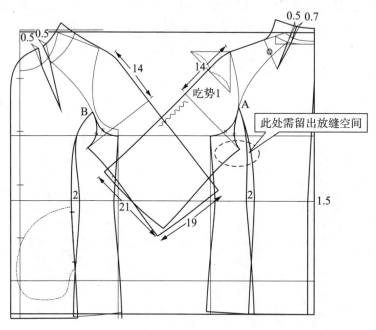

图 4 - 3 - 7　结构设计

（2）前片

- 前插肩袖制图。在肩端点做一个边长为 10 cm 的直角三角形，斜边上取中点或向上 1 cm 与肩端点连接，为袖中线。
- 量取袖长 40 cm，做袖中线的垂线，为袖口线，取袖口大 20－1＝19 cm。
- 取袖山高 14 cm，袖山高取值要和后片相等。
- 画出插肩袖大身分割线。
- 取袖底两段弧线等长，定出袖肥大。
- 连接前袖肥大和袖口大点，中间凹进画顺。
- 合并胸省，将胸省转移至领口。调整省外口造型，加入适当的补足量。
- 前片分割线。确定前分割线起点 B，要求分割线位置与袖底留出放缝空间，同时线条要求圆顺，造型美观。前腰省为 2 cm。
- 袋位。根据款式要求确定袋位。口袋长 15 cm，画出袋口布造型。

过程三：样板制作

1. 面布样板制作(图 4-3-8)

前侧片省道合并。

放缝要考虑面料的厚度,厚的面料要多放。后中放缝 1.5 cm,其余放缝 1.2 cm。下摆贴边 4 cm。

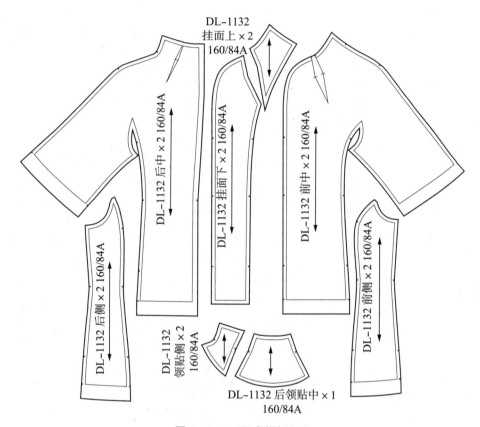

图 4-3-8　面布样板制作

2. 里布样板制作(图 4-3-9)

里布样板在面布样板的基础上制作。

前片去掉挂面,在挂面净缝线基础上放缝 1 cm,袖口和下摆在净缝线基础上放 1 cm,其余放 0.3 cm 坐缝。

后片里布在领口处去掉后领贴宽度,在净缝线基础上放 1 cm,后中放 1.5 cm 坐缝至腰节线,袖口和下摆在净缝线基础上放 1 cm,其余放 0.3 cm 坐缝。

前、后侧片下摆在净缝线上放 1 cm,其余各边放 0.3 cm 坐缝。

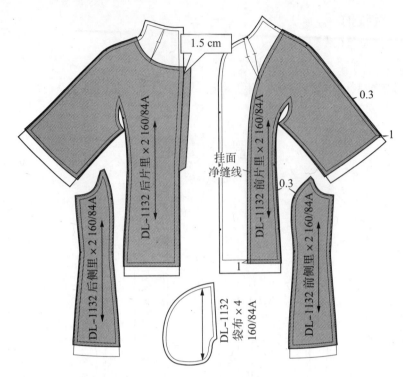

图 4-3-9　里布样板制作

3. 黏衬配置(图 4-3-9)

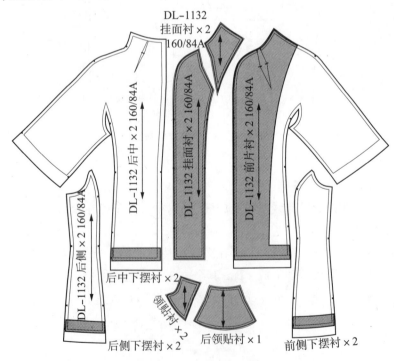

图 4-3-10　黏衬样板制作

过程四：款式分析

■ 排料与裁剪

1. 面料排料参考图,如图 4-3-11 所示。(门幅 140 cm)

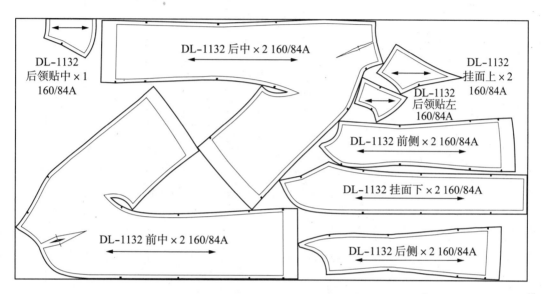

图 4-3-11 面料排料参考图

2. 里料排料参考图,如图 4-3-12 所示。(门幅 140 cm)

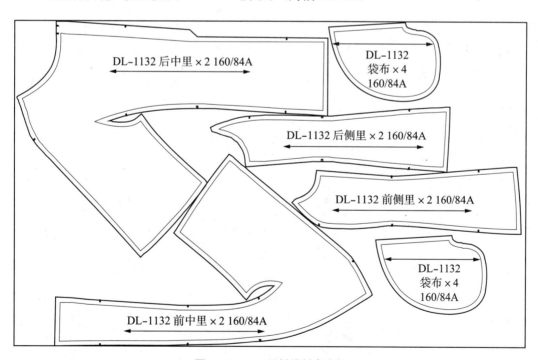

图 4-3-12 里料排料参考图

■ 生产工艺单编制

服装生产工艺单

难度等级

客户：AS		组别：		
制单号：		纸样号：		
款式名称：立领连袖短大衣		面料：		

季节：秋季
款号：DL－1132
制单数：

规　格　表（度量单位：cm）

部位名称	尺　　码		
	155/80A	160/84A	165/88A
衣长	68	70	72
胸围	96	100	104
肩宽	39	40	41
袖长	38.5	40	41.5
袖口	19	20	21
口袋长	14.5	15	15.5
领高	4	4	4

款式图：

特种设备：

辅助工具：

针类：14号　　　　针码：14针/3cm

对条对格要求：

唛头位置：
后领贴居中，后中下 3 cm。
主唛左右 0.1 cm 车缝。

工艺编制：　　　　　　　编制日期：　　　　　　　工艺审核：　　　　　　　审核日期：

工　艺　编　制

裁床注意事项：1. 裁片注意色差、色条、破损。
2. 纱向顺直，不允许有偏差。
3. 裁片准确，两层相符。
4. 刀口整齐，深 0.5 cm。

黏衬位置：前中片、挂面、袖口、领面、领角、下摆、袋盖。

工艺要求

前身：领口收省左右对称，回针牢固，剪口到位，转角方正。拼合公主线，转角处剪口整烫，转角不能反吐，袋布不能破损。口袋平整，袋位左右高低一致。

后身：拼缝顺直，分缝烫平，无歪斜，起皱现象。

领口省道大小一致，左右对称。分割线拼合转角方正。

领子：压 0.1 cm 暗止口，止口不能反吐。

202

五、任务反思

（一）学习反思

1. 连袖大衣的结构变化有哪些？请收集 5 款连袖设计的大衣。

2. 连立领是常见的领型，请设计 5 款连立领的领型变化。

3. 请按照本项目任务一的要求完成本款大衣的样衣制作并进行过程记录。

（二）拓展训练

按照提供的大衣款式图进行款式分析、结构设计、样板制作和样衣制作。

六、任务评价

评价指标	评价标准	评价依据	权重	得分
款式分析	A：款式图比例准确、造型美观；款式描述到位、详细；各部位规格制定合理。 B：款式图比例较准确；款式描述基本到位；各部位规格制定合理。 C：款式图比例不准确；款式描述不到位；各部位规格制定不够合理。	款式分析报告单 A：8～10 分 B：5～7 分 C：5 分以下	10	
结构设计	A：结构准确，细部规格设计合理，造型美观、线条流畅。 B：结构基本准确，细部规格设计基本合理，线条比较流畅。 C：结构不准确，细部规格设计不合理，线条不流畅。	结构制图 A：16～20 分 B：11～15 分 C：10 分以下	20	
样板制作	A：样板齐全，制作规范、标识齐全。 B：样板齐全，有 2 处以下制作错误、标识遗漏 5 处以下。 C：样板不齐全，多处制作错误、标识不齐全。	样板 A：12～15 分 B：8～11 分 C：7 分以下	15	
样衣制作	A：面料选用合理，造型美观，制作精良，细部处理合理。 B：面料选用不够合理，制作完整，细部处理较合理。 C：面料选用不合理，制作不完整，细部处理不合理。	样衣 A：20～25 分 B：13～19 分 C：12 分以下	25	
职业素质	迟到早退一次扣 2 分，旷课一次扣 5 分，未按值日安排值日一次扣 3 分，人离机器、不关机器一次扣 3 分，将零食带进教室一次扣 2 分，不带工具和材料扣 5 分，不交作业一次扣 5 分。		30	
总分				

项目五 棉衣制版与工艺

一、任务目标

通过本项目学习,你应该:

1. 了解棉衣的结构特点和常用面辅料;
2. 能根据棉衣的设计稿或款式图进行款式分析,并能制定各部位规格;
3. 能根据棉衣款式图或设计稿绘制正面和背面结构图;
4. 能根据棉衣款式进行结构设计;
5. 了解棉衣样板的制作要求,能进行棉衣样板制作;
6. 能进行棉衣面、里及填充物裁剪;
7. 能编制棉衣的生产工艺单;
8. 了解棉衣的生产加工方法,熟悉棉衣工艺制作流程;
9. 熟悉棉衣的生产质量标准;
10. 能根据要求进行棉衣的后整理。

二、任务描述

按照提供的棉衣设计稿进行款式分析,分析款式造型、设计点、采用面料、工艺特点等,在分析基础上制定成衣各部位规格;然后进行结构设计,要求体现款式特征,结构准确合理,造型比例恰当,线条流畅;在结构设计基础上进行符合企业生产标准的纸样制作,包括面料样板、里布样板、净样板等,要求制作规范,片数完整;最后进行样衣制作,根据样衣试穿效果进行结构调整。

三、知识准备

(一)棉衣的结构特点

羽绒服和棉衣是冬季广泛穿着、不可缺少的防寒保暖服装,此类服装以面料、里料、中间填充物(羽绒或棉)的组合为主要特征。由于填充物占据一定空间,厚度对松度的影响较大,因此棉衣的成品放松量较大。

羽绒服和棉衣的袖窿深度值大于套装,低于运动装。袖子采用以前、后 AH 值进行结构设计的方法,以一片袖结构为主,也可在一片袖基础上变为大小袖(两片袖)。

羽绒服和棉衣类服装的领围规格大于其他的服装款式,一般在基础横开领和直开领上调整,横开领可加 1~2 cm,直开领也要加深。如果直开领过浅,既达不到领围规格,又造成颈前部的不平服。羽绒服、棉衣类服装以有帽款式居多,帽子具有装饰性与实用性的双重功能。

在制图规格方面,要把握衣长的确定,最长的棉服衣长为后颈中心至地面的距离减 10 cm,最短的衣长可确定在臀围线或臀围线至膝盖线之间。袖长要比其他的服装长出 3 cm 左右,胸围加放量松度一般为 12~22 cm,腰围与胸围设定为 8~12 cm 之间,袖笼深比其他服装要深一些。袖口要大一些,因为中间要加羽绒或其他材料。

(二)帽领结构设计

1. 帽领的分类

帽领是帽子与衣片共同组成的领子,帽子既可以做装饰,又可在寒季挡风。帽子的分类有很多种,但主要有以下两类。

(1)根据帽子与衣片领线的接合形式分类有两种。一种为帽子缝合于衣片领线上;另一种为帽子通过纽扣装合于领子,形成可脱卸帽子。

(2)根据帽子的分类主要有两片式和三片式两种。

2. 帽领结构设计

在进行帽子结构设计时,首先必须测量两个部位的尺寸,如图 5-1 所示的耳朵上方额头最宽处一周的尺寸 a 与头顶至侧颈点的外弧长度 b。

帽领结构设计时常常采用帽子与衣片连在一起的作图方法,如图 5-2 所示。首先在前后衣片领线处开落图中的尺寸为常用的量,当然也可以根据所追求的效果进行变化。领线开大是为了使帽子与衣身接合处有一定的活动松量如图从前侧颈点起纵向取 b+(2~5)cm;横向取 a/2-(0~5)cm。然后从颈侧点向下 1~3 cm 画一条水平线 c,该向下数据与人体的头部活动松量有关,其值增大,即松量增加。再从前领口弧线大概 1/2 的位置像水平线 c 相交并画顺弧线,其长度与前领口弧线相等,然后在水平线 c 上取后领圈长度,再量

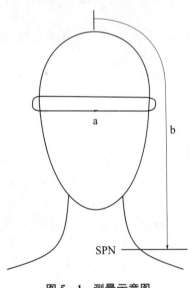

图 5-1 测量示意图

取 2~3 cm,做与 c 垂直向上的直线,最后如图所示画好帽子后侧弧线即可。

若衣片领口开得较小,则帽子宽度会变小,这时则要在帽子颈侧点处加个省道或褶裥,如图 5-3 所示。

帽子可以由一片式转化成两片式,在如图 5-4 的基础上,在帽子后中截取 4~5 cm 宽的长条弧线,然后量取该弧线的长度,如图所示画好三片式中心裁片。中心裁片的尺寸可以

根据款式需求进行变化,或上下同尺寸,或上宽下窄。

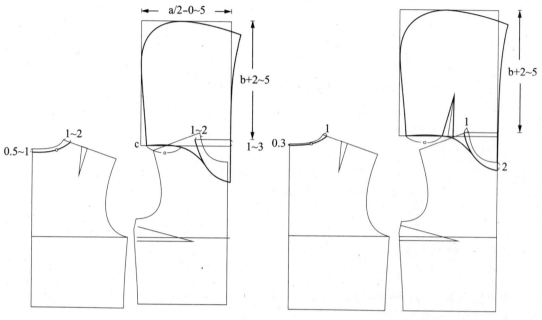

图 5-2　帽子与衣片连结的做法　　　　图 5-3　在帽子颈侧点处加省道

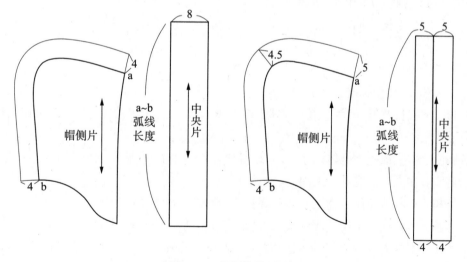

图 5-4　帽子的基本设计图

四、任务实施

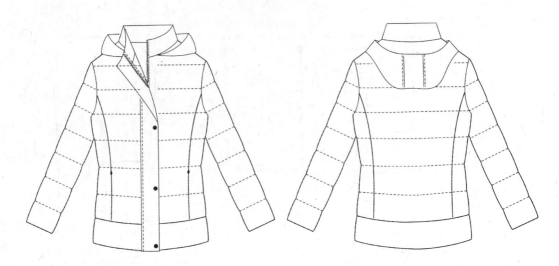

过程一：款式分析

1. 款式外观

本款属于合体型短棉衣,造型简洁大方,里面填充的弹力絮较薄,在 120 克左右,适合初冬穿着。

衣长及臀,前中装拉链,外面加门襟挡板,前后衣片公主线分割,但是收腰效果不是很明显,省量不是很大。在前片公主缝中开了两个直插袋,袋口装隐形拉链。下摆为针织罗口,起到收口作用,增加保暖性。袖子为一片袖结构,由于袖子充棉后膨胀,袖长比普通上衣要长,袖口也较大。领子为立领,外加可脱卸式帽领,帽领采用三片式结构。

2. 尺寸分析

采用 160/84A 号型标准。

(1) 衣长:衣长及臀,因为充棉后膨胀,因此衣长要加放一定的量,本款采用在腰围下 20 cm,衣长为 58 cm。

(2) 胸围:本款棉衣为合体造型,棉衣松量要比其他上衣大,胸围加放 14 cm,为 98 cm。

(3) 肩宽:在人体肩宽基础上加 2 cm,为 40 cm。

(4) 袖长:棉衣袖长比普通上衣袖长要长 3 cm 左右,为 60 cm。

(5) 腰围:本款棉衣不强调收腰效果,设计胸腰差为 12 cm,腰围为 86 cm。

(6) 领高:本款为立领造型,棉衣的领子要高一些,否则外观不美观,为 8 cm。

(7) 袖口:棉衣的袖口要大一些,采用 14 cm。

(8) 帽领尺寸:高 30 cm,宽 22 cm。

3. 办单图填写

办单图(尺寸表)					
品牌：AS		季节：冬装		日期：6/2011	
设计师：		款号：DL－1141		布料：	

款式图

尺寸表：

上衣：

前中长		后背宽		前夹弯		袋位	
后中长	58	腰直		后夹弯		上袋(高×宽)	
肩宽	40	前领深	9	夹直		下袋(高×宽)	
胸围	98	后领深	3	袖长	60	腰带(长×宽)	
腰围	86	前领弯		袖脾(夹下1寸)		腰耳(长×宽)	
坐围		后领弯		袖口阔	14	搭位	
脚围		领宽(骨对骨)		袖衩		拉链长	
前胸宽							

过程二：结构设计

1. 使用模板进行框架设计（图5-5）

胸省量设计。本款棉衣为合体造型，胸部需要一定的合体度，胸省区间在2～2.5 cm，这里取2.5 cm。把余下的胸省量转移到袖窿，形成袖窿松量。

本款的胸围尺寸为98 cm，前后胸围各24.5 cm。

棉衣的袖窿开深度要比其他上衣的袖窿深，在模板基础上开深1.5 cm。

肩部结构设计。因为棉衣肩部有一定的体积感，肩端点抬高0.5 cm。肩宽为40 cm，从后中量取20 cm确定肩端点。前小肩宽等于后小肩宽。

画顺前后袖窿弧线，注意凹度不要太大。

后横开领为9 cm，在模板横开领基础上加大1.5 cm。后直开领在模板基础上相应降低1 cm，画顺后领圈弧线。前直开领取9 cm。

2. 衣身结构设计（图5-6）

- 根据款式设计绗缝的间距。
- 侧缝在腰节处收进1 cm，画顺。
- 前后分割线的位置和造型根据款式来设计。
- 帽领制图。帽高30 cm，宽22 cm，制图方法参照本项目的"知识准备"部分。

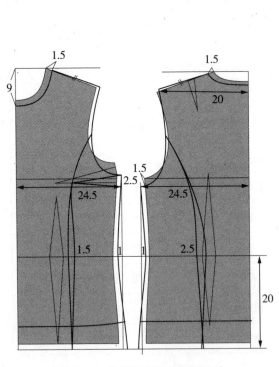

图5-5　使用模板进行框架设计

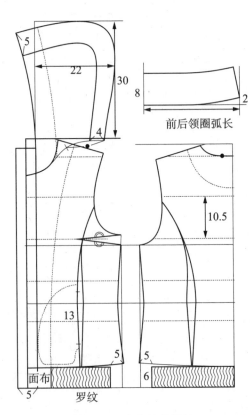

图5-6　衣身结构设计

- 帽子做三片式设计,前中片上口宽 10 cm,下口宽 8 cm。
- 门襟条宽 5 cm。
- 下摆克夫采用针织罗纹。为使拉链平服,前中挂面宽部分用面料制作。克夫长比摆围短 5 cm,作为罗纹弹性松量。

3. 袖子制图(图 5-7)

袖子采用在一片袖结构。设计袖肥值为 34～35 cm 之间。

- 预设 AH/3-3 cm 为袖山高,因为袖山弧线不需要吃势,因此取前 AH-0.5 cm 和后 AH-0.3 cm 定出袖肥。测量袖肥值是不是在设计范围内,如误差较大,则需调整袖山高。
- 画出袖山弧线。
- 袖口为 6 cm 宽罗纹,袖长为 60-6=54 cm。
- 袖口 28 cm。
- 袖口罗纹比袖口短 8 cm,作为罗纹弹性松量。
- 袖子绗缝间距同衣身。

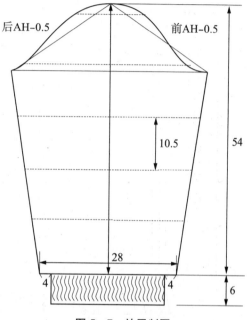

图 5-7　袖子制图

过程三:样板制作

1. 面料样板制作(图 5-8)

放缝 1.2 cm。除挂面、帽子贴边和后领贴外,其余部位都需要绗棉。绗缝的位置要做出刀眼。

2. 里布样板制作(图 5-9)

里布样板在面料样板的基础上制作。

- 前中去掉挂面,在净缝线基础上放 1 cm,其余放 0.3 cm 坐缝。前侧四周放 0.3 cm 坐缝。
- 后中去掉后领贴,在净缝线上放 1 cm,其余放 0.3 cm 坐缝。
- 袖子在袖山放 0.3 cm,袖缝处抬高 0.8 cm,其余放 0.3 cm。
- 帽子和帽中条去掉贴边,在净缝线上放 1 cm。

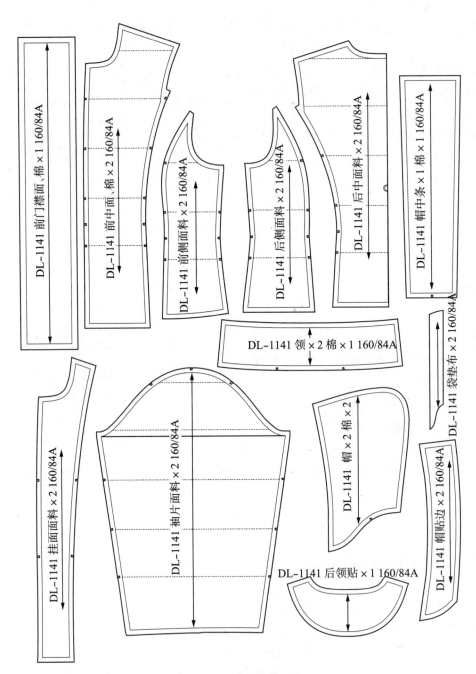

DL-1141 前门襟面,棉×1 160/84A

DL-1141 前中面,棉×2 160/84A

DL-1141 前侧面料×2 160/84A

DL-1141 后侧面料×2 160/84A

DL-1141 后中面料×2 160/84A

DL-1141 帽中条×1 棉×1 160/84A

DL-1141 领×2 棉×1 160/84A

DL-1141 袋垫布×2 160/84A

DL-1141 挂面面料×2 160/84A

DL-1141 袖片面料×2 160/84A

DL-1141 帽×2 棉×2

DL-1141 帽贴边×2 160/84A

DL-1141 后领贴×1 160/84A

图 5-8　面料样板制作

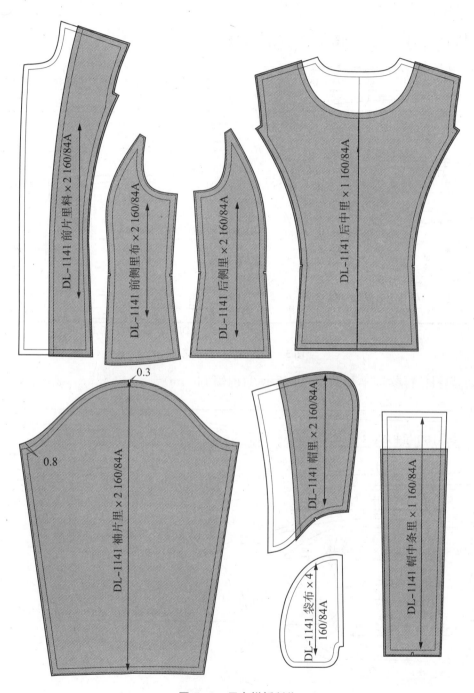

图 5-9 里布样板制作

过程四：样衣制作

■ 排料与裁剪

1. 面料排料参考图，如图 5‑10 所示。（门幅 140 cm）

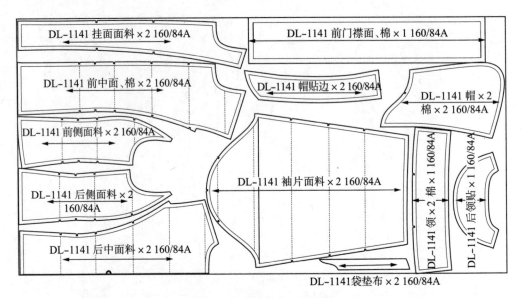

图 5‑10　面料排料参考图

2. 里料排料参考图，如图 5‑11 所示。（门幅 140 cm）

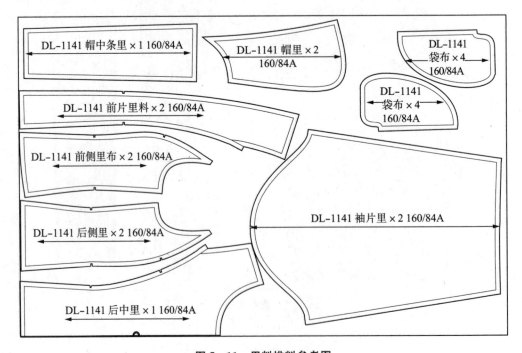

图 5‑11　里料排料参考图

■ 生产工艺单编制

服装生产工艺单

难度等级

客户：AS		组别：		季节：秋季	
制单号：		纸样号：		款号：DL1141	
款式名称：立领带帽棉衣		面料：		制单数：	

规格表（度量单位：cm）　款式图：

部位名称 \ 尺码	155/80A	160/84A	165/88A
衣长	56	58	60
胸围	94	98	102
肩宽	39	40	41
袖长	59	60	61
袖口	13.5	14	14.5
领高	8	8	8

特种设备：圆头锁眼机　　　　　唛头位置：

辅助工具：

针类：14号　　针码：12针/3 cm

对条对格要求：

裁床注意事项： 1. 裁片注意套色差、色条、破损。
2. 纱向顺直、不允许有偏差。
3. 裁片准确、两层相符。
4. 刀口整齐、深0.5 cm。

工 艺 编 制

工艺要求

修剪：沿面料四周车缝固定喷胶棉，按面料轮廓修剪。

前身：拼合公主线，缝头1 cm，刀眼对齐，留出袋位、袋口装隐形拉链、装袋布。衣身纹布。前中装平服、左右对称。要求拉链顺直、要求拉链平服，拉合后后左右纹缝0.6 cm明线。位置一致。

后身：拼合分割线，缝头1 cm，刀眼对齐。衣身纹缝线迹顺直。

领子：立领领外口缝份1 cm拼合，翻转烫平。帽领面布拼合，在帽中片纹0.6 cm明线、缝合帽领里布与贴边，最后缝合止口，纹0.1 cm明线。帽领领口装拉链。

装领：在衣身领口缝制帽领的另一边拉链、装领时刀眼对准、领子左右对称。

袖子：袖片纹缝、拼合袖底缝、袖口与罗纹拼接。罗纹略拉开、装袖圆顺、无细褶、袖子左右对称。

工艺编制：		编制日期：		工艺审核：		审核日期：

五、任务反思

（一）学习反思

1. 棉衣的特点是什么？

2. 棉衣对面辅料的要求有哪些？

3. 棉衣的工艺制作和其他服装有什么不同？

（二）拓展训练

按照提供的大衣款式图进行款式分析、结构设计、样板制作和样衣制作。

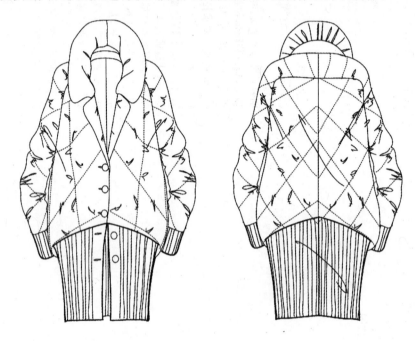

六、任务评价

评价指标	评价标准	评价依据	权重	得分
款式分析	A：款式图比例准确、造型美观；款式描述到位、详细；各部位规格制定合理。 B：款式图比例较准确；款式描述基本到位；各部位规格制定合理。 C：款式图比例不准确；款式描述不到位；各部位规格制定不够合理。	款式分析报告单 A：8～10分 B：5～7分 C：5分以下	10	
结构设计	A：结构准确，细部规格设计合理，造型美观、线条流畅。 B：结构基本准确，细部规格设计基本合理，线条比较流畅。 C：结构不准确，细部规格设计不合理，线条不流畅。	结构制图 A：16～20分 B：11～15分 C：10分以下	20	
样板制作	A：样板齐全，制作规范、标识齐全。 B：样板齐全，有2处以下制作错误、标识遗漏5处以下。 C：样板不齐全，多处制作错误、标识不齐全。	样板 A：12～15分 B：8～11分 C：7分以下	15	
样衣制作	A：面料选用合理，制作精良，成衣感强，细部处理合理。 B：面料选用不够合理，制作完整，细部处理较合理。 C：面料选用不合理，制作不完整，细部处理不合理。	样衣 A：20～25分 B：13～19分 C：12分以下	25	
职业素质	迟到早退一次扣2分，旷课一次扣5分，未按值日安排值日一次扣3分，人离机器、不关机器一次扣3分，将零食带进教室一次扣2分，不带工具和材料扣5分，不交作业一次扣5分。		30	
总分				

附　　录

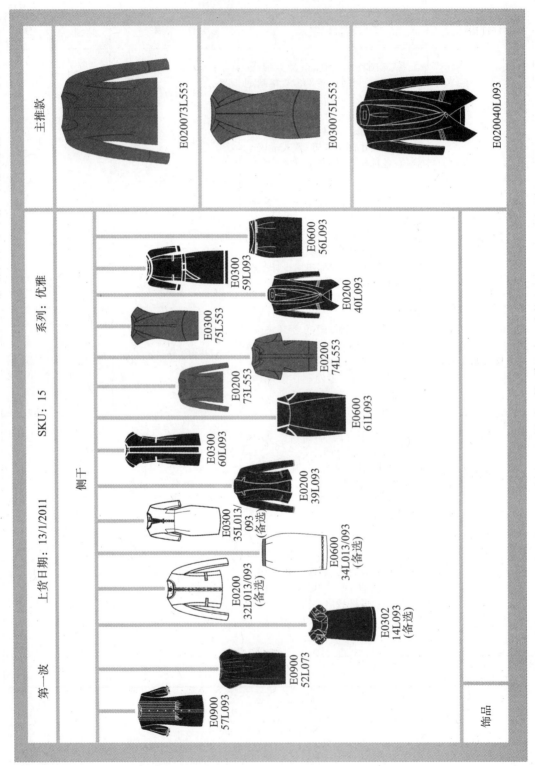

主推款

E020073L553

E030075L553

E020040L093

第一波　　上货日期: 13/1/2011　　SKU: 15　　系列: 优雅

侧平

E0600
56L093

E0300
59L093

E0200
40L093

E0300
75L553

E0200
74L553

E0200
73L553

E0600
61L093

E0300
60L093

E0200
39L093

E0300
35L013/
093
(备选)

E0600
34L013/093
(备选)

E0200
32L013/093
(备选)

E0302
14L093
(备选)

E0900
52L073

E0900
57L093

饰品

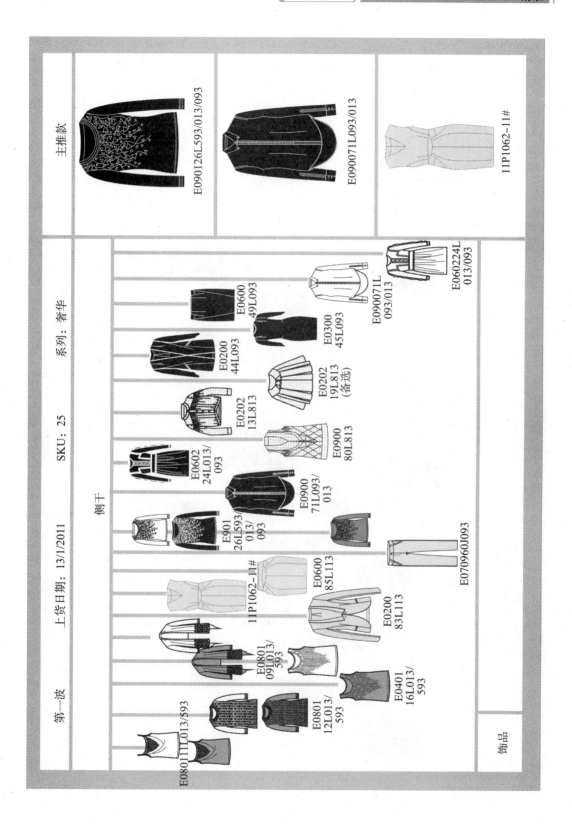

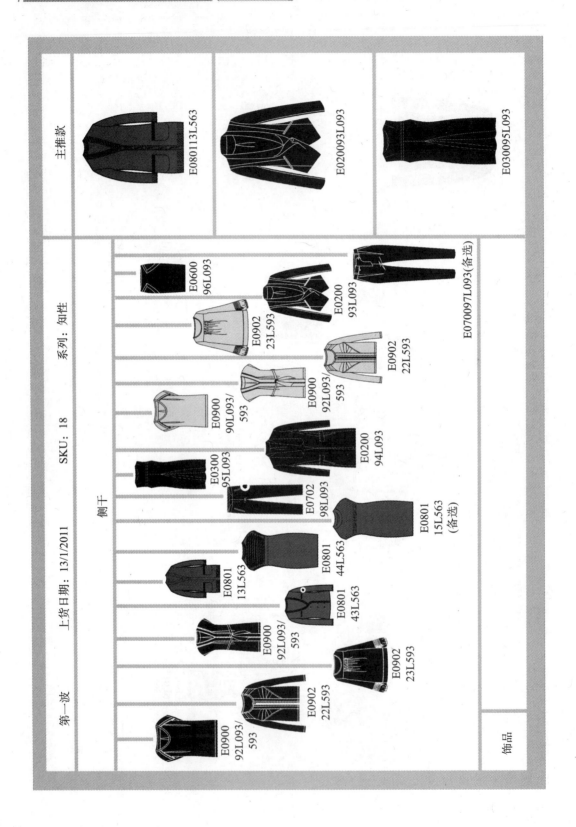

主推款

E080113L563

E020093L093

E030095L093

第一波　　上货日期：13/1/2011　　SKU：18　　系列：知性

侧干

E0600
96L093

E0902
23L593

E0900
90L093/
593

E0300
95L093

E0702
98L093

E0801
13L563

E0900
92L093/
593

E0902
22L593

E0902
23L593

E0200
93L093

E0900
92L093/
593

E0200
94L093

E0801
44L563

E0801
43L563

E0902
22L593

E0801
15L563
（备选）

E070097L093(备选)

饰品

参 考 文 献

［1］阎玉秀主编. 女装结构设计（下）. 杭州：浙江大学出版社，2005

［2］邹奉元主编. 服装工业样板制作原理与技巧. 杭州：浙江大学出版社，2006

［3］卓开霞主编. 女时装设计与技术. 上海：东华大学出版社，2008

［4］鲍卫君主编. 服装现代制作工艺. 杭州：浙江大学出版社，2005

［5］张文斌主编. 服装结构设计. 北京：中国纺织出版社，2006

［6］刘瑞璞主编. 女装纸样设计原理与技巧. 北京：中国纺织出版社，2000

［7］刘建智著. 服装结构原理与原型工业制版. 北京：中国纺织出版社，2009

［8］王建萍编著. 女装结构设计（下）. 上海：东华大学出版社，2009

［9］苏石民. 服装结构设计. 北京：中国纺织出版社，1997

［10］海伦·约瑟夫·阿姆斯特朗著，张浩译. 美国经典立体裁剪. 提高篇. 北京：中国纺织出版社. 2003

［11］康妮·阿曼达·克劳福德著，张玲译. 美国经典立体裁剪. 基础篇. 北京：中国纺织出版社. 2003

［12］服饰流行前线：http://www.pop-fashion.com